21世纪高职高专精品系列规划教材
电子商务专业
21SHIJI GAOZHIGAOZHUAN JINGPIN XILIE GUIHUA JIAOCAI
DIANZI SHANGWU ZHUANYE

电子商务数据库基础与应用

DIANZISHANGWU SHUJUKU

JICHU YU YINGYONG　　李进华 ◎ 主编

首都经济贸易大学出版社
·北京·

出 版 说 明

21世纪是信息化的时代,在全球信息化的大趋势下,各国电子商务在不断发展和完善。随着我国电子商务的蓬勃发展,培养多层次电子商务专业人才成为各界的迫切要求。

国内外教育学者都在积极探寻电子商务专业的教育教学模式,尤其是以培养应用型人才为主的高职高专的教学,更需要一套有别于本科层次的教学模式,那就是在保证基本理论教学的基础上增加实际应用部分的训练。相应地,高职高专教材的编写同过去相比也发生了较大变化,不再是本科教材的简写版,而是在讲解必备理论知识的基础上突出与实际相结合的特点。针对这一变化和要求,我们出版了这套颇具特色的高职高专电子商务专业规划教材。

本套教材有如下特点。

第一,为了让同学们对即将学习的内容有一个感性的认识,每一节都从"引导案例——打开知识的大门"开始,带着引导案例后的问题,展开对本节内容的讲述。

第二,在每一节正文内容讲完之后,设置了"本节内容图表化",用图表的形式将本节内容作一归纳总结,这样方便学生对本节所讲内容的脉络有一个清晰整体的把握。

第三,在"本节内容图表化"之后安排有"开阔视野——还有你所不知道的"。这一部分介绍与本节内容相关的最新知识或最新应用,尽可能拓展学生们的知识面和眼界。

第四,在"开阔视野"之后安排有"案例学习——看看你的分析能力"。这一部分主要选取现实中的企业案例,让学生在对实际案例的分析中领悟本节所讲的理论知识,并通过回答案例之后的问题来检验自己对本节知识的应用能力。

第五,在"案例学习"之后设置了"班级讨论——加深你的知识理解"。这一部分由几道讨论题组成,最好由老师在完成本节教学内容之后,有准备地组织大家在课堂上展开班级讨论,让学生在轮流发言的过程中加深并补充对知识的理解

第六,在"班级讨论"之后设置了"自己动手——锻炼你的实践能力"。这一部分向学生提出了实际操作的科目,可由老师指导,让学生将其作为课后实践作业来完成,也可以作为平时实践测评的内容。

第七,在每一小节的最后设置"小节复习——牢记本节主要内容"。这一部分归纳出学生应当掌握的重点内容,便于老师进行阶段性知识点考核。

当然,由于不同课程的特点不同,有个别教材并不一定同时具备以上所有特点,不过这并不妨碍读者对教材的使用。

本套教材力求有所创新,以便更好地为教师和学生服务,但是由于时间有限、难度较大,疏漏之处在所难免,希望各位老师、同学以及各界同仁在使用过程中,如有意见和建议随时与我们联系沟通。

·21世纪高职高专精品系列教材规划小组·

前 言

•PREFACE•

数据库是电子商务系统的核心组件。我们在访问电子商务网站诸如当当、淘宝网时，网站上丰富多彩的商品信息都是保存在数据库之中，然后由电子商务系统的前端系统按照一定风格和方式显示给客户。因此，数据库的选型、建模、生成、发布、日常管理以及程序编写等方面是直接关系到电子商务系统的建设以及高效运行的关键。与一般管理信息系统相比，电子商务数据库有其自身的特殊性，具体体现在表结构相对简单，数据的增加操作较多，删除和修改操作相对较少；数据库后台管理功能需求较多，调整和优化需求相对较少。因此建立和管理电子商务系统数据库需要充分了解使用数据库的各方面功能。

基于上述原因，本书在设计篇章结构时充分考虑到电子商务系统的需求，选择当今最流行且在电子商务系统中使用最广泛的数据库管理系统——Oracle 作为本教材基础，其内容围绕 Oracle 的特定技术展开。在技术选型基础上，本书选择了一个实际使用的电子商务数据库模型作为示例，结合电子商务系统中可能需要使用的功能贯穿本书。除了技术选型与实例选择外，本书还介绍了数据库建模与编程的流行工具的相关知识。如 Power Designer 和 PL/SQL Developer，前者在数据建模方面的功能无出其右者，后者则是进行 Oracle PL/SQL 数据库编程的好助手，其编程界面和调试工具完备友好。当然要想完全掌握这两个工具，已超出本书的范围，互联网上相关资料很丰富，读者如有兴趣可以借助搜索引擎查阅或到一些专业网站上学习。

根据笔者多年教学经验，单纯的理论讲解或单纯的技术讲解都不能完全达到学习的目的，只有将理论与实践结合起来才能让读者充分掌握课程内容。因此本书在每章结尾都安排了适量的实习上机题，读者可以结合相应章节中的学习内容，在上机实践中逐步提高实战能力。作为教材本书难度适中，适合大学本科、高等职业教育院校的电子商务专业、信息管理与信息系统专业大二以上年级对数据库原理有适当基础的学生学习。

作为教材，本书从理论结合实践的角度在第 1 章向读者概述了电子商务系统与数据库之间的关系以及相关概念；第 2 章手把手地指导读者安装并设置 Oracle 数据库系统；第 3 章详细介绍了建立数据的相关操作；第 4、5、6 章深入浅出地阐述了数据库中表、索引以及视图的管理与应用；第 7 章开始进入 Oracle 的编程设计；第 8 章和

第 9 章节中讨论了数据库的查询、子程序、储存以及函数等数据库应用;第 10 章和第 11 章重点介绍数据的完整性设计和导入导出操作;第 12 章以 C2C 商城数据库案例为基础,进行了系统分析和设计并介绍了数据库实践中的常用操作。全书体系层次清晰完整。

　　本教材第 1、2、3、7、9 以及 11 章由华中师范大学信息管理系李进华副教授编写,第 4、5 和 6 章由肖毅副教授编写,第 8、10 和 12 章由陈菁华副教授编写,全书由李进华统稿,并对教材质量负责。最后,本教材的顺利出版得益于首都经济贸易大学出版社的汪磊和王玉荣两位编辑的辛勤工作,在此一并表示诚挚谢意。

李进华

2010 年 1 月于华中师范大学

目 录

•CONTENTS•

电子商务数据库概述

【本章要点】
- 电子商务系统与数据库的关系
- 数据库、数据库管理系统以及数据库系统的含义
- 数据模型及其用途
- 关系数据模型
- 关系数据库标准语言——SQL
- 关系数据库规范化理论
- 数据库的设计技术

【学习要求】
- 掌握电子商务数据库相关概念
- 了解关系数据模型
- 掌握数据库设计的 4 个重要范式
- 掌握 PowerDesigner 数据库设计工具

1.1 电子商务系统与数据库

在互联网时代,网络已经深入到人们生活的方方面面,特别是电子商务的兴起,更是对传统商务活动造成巨大冲击,在网上购买商品的用户越来越多。数据库技术在电子商务中起到至关重要的作用,当用户访问一家在线书店,浏览一本书时,其实访问的是存储在某个数据库中的数据;当用户访问一个银行网站,检索账户余额和交易信息时,这些信息也是从银行的数据库系统中取出来的;又比如,当用户访问一个网站时,关于用户的个人信息可能会从某个数据库中取出,并且向用户推荐某些感兴趣的商品,同时,用户访问网络时相关操作的数据也可能会被存储在数据库中。

1.1.1 电子商务系统

人们已经认识到电子商务系统和网站是两个不同的概念,电子商务系统是基于 Internet

并支持企业价值链增值的信息系统,而网站仅仅是这一系统的一个部分。此外,电子商务系统不仅应包括以企业开展商务活动的外部电子化环境(例如 Internet、Web 服务器、与其他商务中介的数据接口等),而且包括企业内部商务活动的电子化环境,这两部分必须结合起来才能满足企业在 Internet 上开展商务活动的需要。为了便于理解,本章将围绕电子商务数据库介绍相关概念,包括电子商务系统和数据库的基本概念。

1.1.1.1 电子商务系统架构

所谓电子商务系统,广义上讲是支持商务活动的电子技术手段的集合。狭义上看,电子商务系统则是指在 Internet 和其他网络的基础上,以实现企业电子商务活动为目标,满足企业生产、销售、服务等生产和管理的需要,支持企业的对外业务协作,从运作、管理和决策等层次全面提高企业信息化水平,为企业提供商业智能的计算机系统。电子商务系统结构如图 1 - 1 所示。

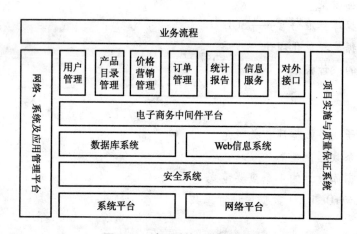

图 1-1 电子商务系统结构图

一个完整的电子商务系统基础部分包括软件和硬件部分,硬件平台包括网络平台和系统平台中的计算机等设备。软件平台包括操作系统和安全系统等,如杀毒软件、防火墙等。应用系统包括数据库和 Web 信息系统,数据库用来保存电子商务系统的业务数据和信息,比如商品、客户、订单等信息,Web 信息系统负责与客户的交互。在数据库系统和 Web 信息系统之上是电子商务中间件平台,负责电子商务的公共功能。在电子商务中间件之上可以开发出电子商务系统的各功能,比如用户管理、产品目录管理、价格营销管理、订单管理、统计报告、信息服务以及对外的支付接口等。除此之外,还有一些辅助功能,比如网络、系统及其应用管理平台,主要用来负责电子商务系统的后台管理功能,比如网络拓扑、数据的初始化、用户的安全管理等功能。从图 1 - 1 中可以看出,数据库系统在电子商务系统中处在核心地位,电子商务系统的一切数据和信息都保存在数据库中,因此,如果没有数据库,电子商务系统是无法构建和运行的。

1.1.1.2 电子商务数据的选择

当前电子商务系统的数据库和大部分管理信息系统的数据库一样,都采用关系型数据库。电子商务系统处理的数据一般包括两种类型:一种是结构化的数据,这类数据可以选择关系型数据库管理系统进行管理;另外一种是非结构化的数据,例如各种网页、声音、图像等,在电子商务系统中,这一类数据占有很大比重,这些数据一般是采用文件方式进行存储和管理。在设计这类数据的管理方式时,应当注意其检索问题。一般电子商务系统中大量采用全文检索或者全文数据库的方式,处理这类数据的查询与检索。

在电子商务系统设计时,对数据进行管理可以采取关系数据库,关系数据库管理系统具有易于管理结构化数据,数据冗余度较低,具有比较丰富的开发工具等特点。此外,关系数据库一般还支持联机事务处理(OLTP)、联机事务分析(OLAP)等,部分关系数据库还支持数据挖掘、数据仓库和数据集市等。目前主流的关系数据库管理系统产品主要包括 Oracle、Sybase、IBM 公司的 DB2、Microsoft SQL Server 等。除了这些商业应用的数据库管理系统外,电子商务系统的数据管理还可以利用一些免费的开源数据库管理系统,如 MySQL 等。

本书采用 Oracle 数据库作为实例来介绍电子商务数据库的基础与应用。

1.1.2 C2C 电子商城系统的数据库分析

C2C 电子商城系统是建立在 Internet 上,进行商务活动的虚拟网络空间和保障商务顺利运营的管理环境,同时要协调和整合信息流、物资流、资金流,使其有序高效流动的重要场所。企业和商家可充分利用电子商城提供的网络基础设施、支付平台、安全平台和管理平台等共享资源,有效且低成本地开展商业活动。

C2C 是消费者对消费者的交易模式,其特点类似于现实商务世界中的跳蚤市场。其构成要素,除了包括买卖双方外,还包括电子交易平台供应商,也就是类似于现实中的跳蚤市场场地提供者和管理员的角色。该系统的功能如图 1 - 2 所示:

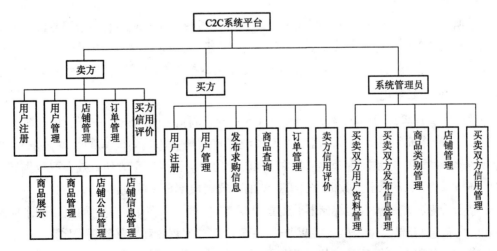

图1-2 C2C 电子商城的功能结构图

根据 C2C 电子商城的功能,此系统的数据库保存的数据主要包括商城数据、客户数据、商品数据和订单数据等。其中,商城数据主要用于保存关于电子商城的系统信息以及相关的统计信息;客户数据主要保存关于用户、店铺和所有客户的信息;商品数据用于保存商品的名字、类别、价格等信息;订单数据主要保存顾客购物、定购商品以及付款方式等一些信息。以 C2C 电子商城为例,其数据库中各种数据表包括如下 7 种:

(1)用户信息表,用来保存用户信息,包括买卖双方的信息,比如用户登录账号、密码、用户真实姓名、家庭住址等;

(2)店铺表,用来保存商城店铺相关信息,比如店铺编号、店铺名称、店主姓名、开店时间、店铺介绍等;

(3)店铺分类表,用来保存店铺的分类信息,比如分类编号、分类名、分类描述等;

(4)商品表,用来保存商品相关信息,比如商品编号、商品名称、单价、所属类别、库存量、上架时间以及商品图片等;

(5)商品类别表,比如类别编号、类别名称、父类别等;

(6)订单表,包括订单编号、卖方店铺名称、落订时间、商品总价、应付金额、收货人姓名等信息;

(7)订单明细表,有订单上每种商品的单价、折扣、数量等信息。

1.2 电子商务数据库的相关概念

1.2.1 数据库、数据库系统和数据库管理系统

数据库、数据库管理系统以及数据库系统等概念既互相联系又有所区别,下面对这些概念作简要介绍。

1.2.1.1 数据库

数据库(Database,简称为 DB)是针对现实世界某些方面的应用目标而建立的具有逻辑关系和确定意义的数据集合。数据库可以人工建立、维护和使用,也可以通过计算机建立、维护和使用。通常意义上的"数据库"是指由数据库管理系统管理的数据集合。

1.2.1.2 数据库管理系统

数据库管理系统(Database Management System,简称为 DBMS)是一个通用的软件系统,由一组计算机程序构成。数据库管理系统能够对数据库进行有效的管理,包括存储管理、安全性管理、完整性管理等。DBMS 同时为用户提供了一个方便有效存取数据库信息的环境。图 1-3 给出了数据库管理系统的主要组成部分。

存储管理功能是从数据存储器获得想要查询的信息,并在接到上层的更新请求时更新相应的信息,存储管理程序包括两个部分:缓冲区管理程序和文件管理程序。

查询处理程序的任务是把使用高级语言表示的查询或数据库操作(如 SQL 查询语

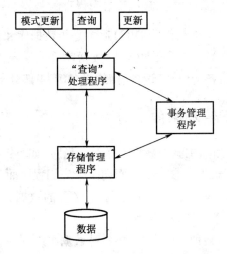

图 1－3　数据库管理系统(DBMS)的主要组成部分

句)转换成对存储器数据的请求序列。通常情况下,查询处理任务最困难的部分是查询优化,也就是说如何选择好的查询计划,进而执行查询计划以便从数据库中查询出符合用户需求的数据。

DBMS 的查询处理程序主要包括下面 3 个方面的功能:

(1)查询。有 3 种不同生成方式的查询:第一种是通过通用的查询接口,如关系数据库管理系统允许用户输入 SQL 查询语句,然后将查询传给查询处理程序,并由 DMBS 响应;第二种是通过应用程序接口,即通过专门的接口提出查询要求,接口中可能包括输入查询条件之类的对话框;第三种是将 SQL 语句嵌入到其他编程语言(如 Java、C#),由这些编程语言调用。

(2)更新。更新是指更新数据的操作。同查询一样,更新操作也可以通过通用的接口或应用程序接口来提出。

(3)模式更新。用来创建或更新数据库对象,比如创建和修改表结构等。模式更新命令一般由被授予了相应权限的人使用,称为数据库管理员。数据库管理员能够更改数据库模式或者建立新的数据库。

事务管理程序负责数据库数据的完整性。DBMS 必须保证多个查询同时运行时不产生冲突,同时保证系统在出现系统故障时不丢失数据。为了避免冲突的发生,事务管理程序需要与查询处理程序配合,以了解当前查询将要操作的数据,但同时会影响查询操作的效率。事务管理程序同时也需要存储管理程序配合,保护数据模式一般需要日志文件记录每次数据的更新,如果出现错误就进行回滚操作,如果操作安全正确则提交操作。

当前最主流的数据库管理系统是关系型数据库管理系统,例如,大型数据库包括 Oracle、DB2、SQL Server、Sybase 以及开源免费小型数据库 MySQL 等都属于关系型的。

1.2.1.3　数据库系统

数据库系统(Database System,简称 DBS)通常是指数据库和相应的软硬件系统,主要由数据库(保存数据的文件)、用户、软件(包括数据库管理系统以及操作系统平台等)和硬件平台(包括数据存储设备、计算机设备、网络设备等)4 部分组成。

1.2.2　关系型数据库系统的特点

关系型数据库系统是当前主流的数据库系统,其特点如下:

(1)数据共享性高、冗余少。数据不再面向某个应用程序而是面向整个系统,当前所有用户可同时存取库中的数据。这样便减少了不必要的数据冗余,节约存储空间,同时也避免了数据之间的不相容性与不一致性。

(2)数据结构化。按照某种数据模型,将各种数据组织到一个结构化的数据库中,整个组织的数据不是一盘散沙,可表示出数据之间的有机关联。

(3)数据独立性高。数据的独立性是指逻辑独立性和物理独立性。数据的逻辑独立性是指当数据的总体逻辑结构改变时,数据的局部逻辑结构不变,由于应用程序是依据数据的局部逻辑结构编写的,所以应用程序不必须修改,从而保证了数据与程序间的逻辑独立性。数据的物理独立性是指当数据的存储结构改变时,数据的逻辑结构不变,从而应用程序也不必改变。

(4)统一的数据完整性控制功能。数据库为多个用户和应用程序所共享,对数据的存取往往是并发的,即多个用户可以同时存取数据库中的数据,甚至可以同时存取数据库中的同一个数据,能确保数据库数据的正确有效和数据库系统的有效运行。

1.2.3　数据库管理员和数据库用户

1.2.3.1　数据库管理员

数据库管理员(Database Administrator,简称 DBA)是指全面负责数据库系统的管理、维护和正常使用的人员,其职责如下:

(1)参与数据库设计的全过程,决定数据库的结构和内容。

(2)定义数据的安全性和完整性,负责分配用户对数据库的使用权限和口令管理。

(3)监督控制数据库的使用和运行,改进和重新构造数据库系统。当数据库受到破坏时,负责恢复数据库;当数据库的结构需要改变时,完成对数据结构的修改。

DBA 不仅要有较高的技术专长和较深的资历,并应具有了解和阐明管理要求的能力,特别是对于大型数据库系统而言,DBA 极为重要。对于常见的微型数据库系统,通常只有单一用户,一般不设 DBA,其职责由应用程序员或终端用户代替。

1.2.3.2　数据库用户

数据库用户包括数据库设计者、终端用户、系统分析员、应用程序员以及其他。

数据库设计者负责数据库中数据结构的确定、数据库文件结构的设计、存取方法的选择和数据库的最后定义。

终端用户(End User)主要是使用数据库的各级管理人员、工程技术人员、科研人员，一般为非计算机专业人员，主要分为3类：

(1)偶然用户。此类用户不经常访问数据库，此类用户每次访问数据库时往往需要不同的数据库信息。

(2)简单用户。数据库的多数最终用户都是简单用户，其主要工作是查询和更新数据库。

(3)复杂用户。复杂用户有如工程师、科学技术工作者等具有较高科学技术背景的人员。这些用户需要通过数据挖掘得到高级和深入的信息和数据。

系统分析员负责分析最终用户，特别是简单用户的需求，给出满足用户需求的数据库事务准确定义。

应用程序员(Application Programmer)负责为终端用户设计和编制应用程序，以便终端用户对数据库进行存取操作。

其他人员包括：

(1)数据库管理系统的设计和实现人员，比如 Oracle 公司的开发人员等；

(2)数据库系统第三方工具开发者，比如 PowerDesigner、PL/SQL Developer 工具的开发人员；

(3)操作员和系统维护人员。

1.3　数据模型

1.3.1　数据模型简介

所谓模型就是对不能直接观察的事物进行形象地描述和模拟，因此，模型是对客观世界中复杂事物的抽象描述。在用计算机处理现实世界的信息时，必须抽取事物局部范围的主要特征，模拟和抽象出一个能反映局部世界中实体和实体之间联系的模型，即数据模型。也就是说，数据模型是描述现实世界的工具和方法。

数据模型是一组描述数据库的概念，这些概念精确地描述了数据、数据之间的联系、数据的语义和完整性约束。很多数据模型还包括一个操作集合，这些操作用来说明对数据库的存取和更新。现在主流的数据模型是关系模型，关系数据库系统就是采用关系模型作为数据的组织方式。1970 年美国 IBM 公司 San Jose 研究室的研究员 E. F. Codd 首次提出了数据库系统的关系模型，开创了数据库关系方法和关系数据理论的研究，为数据库技术奠定了理论基础。20 世纪 80 年代以来，计算机厂商新推出的数据库管理系统几乎都支持关系模型，非关系系统的产品也大都加上了关系接口。数据库领域当前的研究工作也都是以关系方法为基础。关系数据模型又称为实体—联系模型。

1.3.2 实体—联系模型

实体—联系模型(Entity – Relationship Model)简称 E – R 模型。该模型认为,客观世界由一组称为实体的基本对象及这些对象之间的联系组成,是一种语义模型,模型的语义方面主要体现在用模型力图去表达数据的意义,由实体、属性以及实体之间的联系构成。

1.3.2.1 实体

实体是现实中存在的对象,有具体的也有抽象的,有物理上存在的也有概念性的,例如商品、客户等。它们的特征可以互相区别,否则就被认为是同一对象。凡是可以互相区别、又可以被人们识别的事、物、概念等统统可以被抽象为实体。数据流图中的数据存储就是一种实体。实体可以分为独立实体和从属实体或弱实体,独立实体是不依赖于其他实体和联系而可以独立存在的实体,如图 1 – 4 中的"商品"、"客户"等,独立实体常常被直接简称为实体;从属实体是这样一类实体,其存在依赖于其他实体和联系,在实体联系图中用带圆角的矩形框表示,如图 1 – 4 中的"订单"是从属实体,它的存在依赖于实体"商品"、"客户"和联系"购买","销售记录"也是从属实体,它的存在依赖于实体"店铺"、"商品"和联系"销售"。

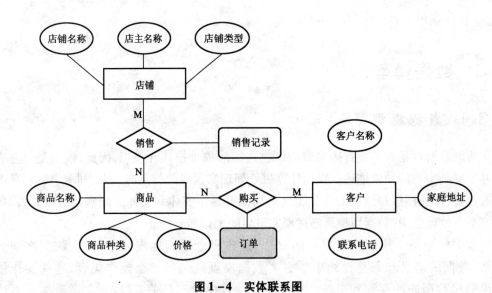

图 1–4 实体联系图

1.3.2.2 联系

实体之间可能会有各种关系,例如,"客户"与"商品"之间有"购买"的关系。这种实体和实体之间的关系被抽象为联系。在实体联系图中,联系用联结有关实体的菱形框表示,如图 1 –4 所示。联系可以是一对一($1:1$),一对多($1:n$)或多对多($m:n$)的,这一点在实体联系图中也应说明。例如在电子商务系统中,"商品"与"客户"是多对多的"购买"联系。即一种商品可以卖给多个客户(注意不是某件特定商品),一位客户也可以购买多种商品。

1.3.2.3 属性

实体一般具有若干特征,这些特征就称为实体的属性,例如图1-4中的实体"商品",具有商品名称、种类、价格、生产厂等特征,这些就是它的属性。

在实体联系图中,还有如下关于属性的几个重要概念:

(1)主键。如果实体的某一属性或某几个属性组成的属性组的值能唯一地决定该实体其他所有属性的值,也就是能唯一地标识该实体,而其任何真子集无此性质,则这个属性或属性组称为实体键。如果一个实体有多个实体键存在,则可从其中选一个最常用到的作为实体的主键。例如实体"商品"的主键是条形码编号,一种商品的编号确定了,那么它的其他属性也就确定了。在实体联系图中,常在作为主键的属性或属性组与相应实体的联线上加一短垂线表示。

(2)外键。如果实体的主键或属性(组)的取值依赖于其他实体的主键,那么该主键或属性(组)称为外键。例如,从属实体"订单"的外键"商品编号"的取值依赖于实体"商品"的主键"商品编号",这些属性就是外键。

(3)属性域。属性可以是单域的简单属性,也可以是多域的组合属性。组合属性由简单属性和其他组合属性组成。组合属性中允许包括其他组合属性,意味着属性可以是一个层次结构,如图1-5所示家庭住址就是一种具有层次结构的属性。

图1-5 家庭住址属性的层次结构

(4)属性值。属性可以是单值的,也可以是多值的。例如一个人所获得的学位可能是多值的。当某个属性对某个实体不适应或属性值未知时,可用空缺符"NULL"表示。在画实体联系图时,为了使图形更加清晰、易读易懂,可以将实体和实体的属性分开来画,并且对实体进行编号。由于人们通常就是用实体、联系和属性这3个概念来理解和描述现实问题的,所以实体联系图非常接近人的思维方式。又因为实体联系图采用简单的图形来表达人们对现实的理解,所以不熟悉计算机技术的用户也都能够接受,因此,实体联系图已成为使用非常广泛的数据库结构概念建模的工具。

某些属性可以划分为多个具有独立意义的子属性,例如地址可以进一步划分为街道和门牌号两个属性,我们称这类属性为复合属性。

多数实体的属性是单值属性,即对于同一个实体只能取一个值。例如,同一个人只能具有一个出生日期,因而是单值属性。在某些情况下,实体的一些属性可能取多个值,这样的属性称为多值属性。例如,人的学位就是一个多值属性,因为有的人能同时拥有两或三个学位甚至更多。每个属性都有一个可取值的集合,成为该属性的域。实体集是具有相同类型及共享相同性质(或属性)的实体集合。

1.4 关系数据库系统

使用关系模型构建的数据库系统被统称为关系数据库系统,主要包括其数学基础,即关系数据模型;操作数据的理论,即关系运算;操作数据的语言,即标准查询语言 SQL;还有设计数据库系统时遵循的准则,即设计方式等构成。

1.4.1 关系数据模型

关系数据模型主要由关系、关系模式和码等元素组成。

1.4.1.1 关系

关系模型中用于描述数据的主要结构是关系。数据用关系来表示,数据之间的联系仍用关系来表示,对数据的操作就是对关系的运算,而且关系运算的结果还是关系。这是关系数据模型的一大特点,即用关系表示一切。通俗地讲,关系就是一张二维表,如表 1-1 所示的商品信息表。

表 1-1 商品关系的二维表

商品编号	商品名称	单 价	类 型	生产厂家	型 号
1002001	海尔液晶电视	6 699	家电类	海尔	42 寸 LB42R3
1002002	夏新液晶电视	2 699	家电类	夏新	LC32M2
1002003	索尼液晶电视	7 699	家电类	索尼	KLV-40V440A
1002004	三星液晶电视	6 830	家电类	三星	LA40A550P1R

关系可分为以下 3 种类型:

(1)基本表。实际存在的表,它是实际存储数据的逻辑表示。

(2)查询表。查询结果对应的表。

(3)视图表。由基本表或其他视图表导出的表,是虚表,不对应实际存储的数据。

1.4.1.2 关系模式

一个关系由关系模式(Relation Schema)和关系实例(Relation Instance)共同组成。

关系模式是对关系表中每个列的描述,需要给出关系名、每个属性的名称、属性的域及属性和域之间的映射关系。有时为简便起见,关系模式中的域及属性和域之间的映射关系被去掉。例如表 1-1 给出的关系表对应的关系模式可以描述为:商品(编号,名称,单价,类型,生产厂家,型号)。

1.4.1.3 码

码是关系模型完整性约束的一个体现。在一个关系中,若某一属性集合的值可唯一地标识每一个元组,即其值对不同的元组是不同的,这样的最小属性集合称为候选码(Candidate Key),简称为码(Key)。若一个关系中有多个候选码,则选定其中一个作为主码(Primary Key),比如商品编号可以唯一表示商品关系,因此其可以作为主码。

1.4.2 关系运算

关系运算是与关系模型相关的两种形式化查询语言之一。它包括一个运算的集合,这些运算以一个或两个关系为输入,产生一个新的关系作为结果。关系代数的基本运算有:选择、投影、并、差、笛卡儿积等。在基本运算以外,还有一些其他运算,包括交、连接和除等。这些运算可以由关系代数的基本运算定义。

关系代数的基本运算中,选择和投影运算称为一元运算,只对一个关系进行运算。

(1)选择(Selection)

选择运算是从输入关系 R 中选择满足给定条件的元组,记作

$$\sigma_F(R) = \{t \mid t \in R \wedge F(t) = '真'\}。$$

(2)投影(Projection)

假如在某个给定关系中,我们只想要某个或者某几个属性,而不关心其他的属性时,投影运算可以满足这样的要求。关系 R 上的投影是从 R 中选择出若干属性列组成新的关系,记作

$$\prod_A(R) = \{t[A] \mid t \in R\},$$

其中 A 为 R 中的属性列。由于关系是一个集合,所以结果中所有的重复行均需被去掉。

(3)并(Union)

并运算是传统的集合运算。其运算结果包含了参加运算的两个关系中的所有元组。关系 R 和关系 S 的并记作

$$R \cup S = \{t \mid t \in R \vee t \in S\}。$$

两个关系要能够进行并运算,必须是相容关系,即必须满足以下两个条件:首先,两个关系的属性数必须相同;其次,从左向右,对应的属性要有相同的取值范围。

(4)差(Difference)

差运算,集合运算,它的结果包括出现在一个关系中而不出现在另一个关系中的元组。关系 R 和关系 S 的差记作

$$R - S = \{t \mid t \in R \wedge t \notin S\}。$$

同样,做差运算的两个关系也要求是相容关系。

（5）笛卡儿积（Cartesian Product）

笛卡儿积运算可以将任意两个关系的信息组合在一起。两个分别为 n 目和 m 目的关系 R 和 S 的笛卡尔积是一个 $(n+m)$ 列的元组的集合。元组的前 n 列是关系 R 的一个元组，后 m 列是关系 S 的一个元组。假如关系 R 中有 n 个元组，关系 S 中有 m 个元组。那么关系 R 和关系 S 的笛卡儿积中将有 $n \times m$ 个元组。关系 R 和关系 S 的笛卡儿积记作

$$R \times S = \{\overline{t_r t_s} \mid t_r \in R \wedge t_s \in S\}。$$

（6）交（Intersection）

交运算同样是传统的集合运算。它的运算结果包含了同时在两个关系中出现的所有元组。关系 R 和关系 S 的交记作

$$R \cap S = \{t \mid t \in R \wedge t \in S\}。$$

（7）连接（Join）

连接运算在关系代数中是最有用的运算之一，最常用的方式是合并两个或者多个关系的信息。连接运算是从两个关系的笛卡儿积中选取满足一定条件的元组，记作

$$R \underset{A\theta B}{\infty} S = \{\overline{t_r t_s} \mid t_r \in R \wedge t_s \in S \wedge t_r[A]\theta t_s[B]\}。$$

连接运算有两种最重要且应用最广泛的连接：等值连接和自然连接。

等值连接是连接运算的一种特殊情况，一般指连接条件是相等表达式，即 θ 为 "$=$" 的连接运算。等值连接需要连接的两个关系中对应属性相等，记作

$$R \underset{A=B}{\infty} S = \{\overline{t_r t_s} \mid t_r \in R \wedge t_s \in S \wedge t_r[A] t_s[B]\}。$$

自然连接是一种特殊的等值连接。它要求两个关系中所有同名属性都相等，并且在结果中必须把重复的属性列删除。一般的连接操作是从行的角度进行运算。但自然连接还需要取消重复列，所以是同时从行和列的角度进行运算。假如关系 R 和关系 S 具有相同的属性组 A，则自然连接记作

$$R \infty S = \{\overline{t_r t_s} \mid t_r \in R \wedge t_s \in S \wedge t_r[A] = t_s[A]\}。$$

（8）除（Divide）

除运算适合于包含了"对所有的"的查询。假如两个关系 $R(X, Y)$ 和 $S(Y, Z)$，其中 X, Y, Z 为属性组，R 中的 Y 和 S 中的 Y 可以有不同的属性名，但必须出自相同的域集。除运算 $R \div S$ 定义为如下的所有 X 属性组列上值 x 的集合：对于 S 中的 Y 属性列上的每个值，在 R 中都有相同的 x 与之对应。另一种理解除操作的方式为：对于 R 中的每个 X 属性组列上的值 x，考虑具有该 x 值的所有 Y 属性列上的值的集合。如果该集合包含了 S 中的所有 Y 属性组列上的值，那么这个 x 的值就包含在 $R \div S$ 的结果中。关系 R 和关系 S 的除运算记作

$$R \div S = \{t_r[x] \mid t_r \in R \wedge \prod_Y(S) \subseteq Y_x\}，$$

其中，Y_x 为 x 在 R 中的象集。

对于各种关系运算，关系型数据库通过各种技术实现了计算机化，其中最典型的就是 SQL 语言。

1.4.3 标准关系数据库查询语言——SQL

SQL 是英文 Structured Query Language 的缩写,意思为结构化查询语言。SQL 语言的主要功能就是同各种数据库建立联系,进行沟通。按照美国国家标准协会(ANSI)的规定,SQL 被作为关系型数据库管理系统的标准语言。SQL 语句可以用来执行各种各样的操作,例如更新数据库中的数据,从数据库中提取数据等。目前,绝大多数流行的关系型数据库管理系统,如 Oracle,Sybase,Microsoft SQL Server,Access 等都采用了 SQL 语言标准。

SQL 语言的优点非常突出:

(1)非过程化语言。SQL 是一个非过程化的语言,因为它一次处理一个记录,对数据提供自动导航。SQL 允许用户在高层的数据结构上工作,而不对单个记录进行操作,可操作记录集,所有 SQL 语句接受集合作为输入,返回集合作为输出。SQL 的集合特性允许一条 SQL 语句的结果作为另一条 SQL 语句的输入。SQL 不要求用户指定对数据的存放方法,这种特性使用户更易集中精力于要得到的结果;所有 SQL 语句使用查询优化器,它是关系数据库管理系统(RDBMS)的一部分,由它决定对指定数据存取的最快速度的手段,查询优化器知道存在什么索引,在哪儿使用索引合适,而用户则从不需要知道表是否有索引,有什么类型的索引。

(2)统一的语言。SQL 可用于所有用户的 DB 活动模型,包括系统管理员、数据库管理员、应用程序员、决策支持系统人员及许多其他类型的终端用户。基本的 SQL 命令只需很少时间就能学会,最高级的命令在几天内便可掌握。SQL 为许多任务提供了命令,其中包括:查询数据;在表中插入、修改和删除记录;建立、修改和删除数据对象;控制数据和数据对象的存取;保证数据库一致性和完整性等。以前的数据库管理系统为上述各类操作分别提供单独的语言,而 SQL 将全部任务统一在一种语言中。

(3)SQL 是所有关系数据库的公共语言。由于所有主要的关系数据库管理系统都支持 SQL 语言,用户可将使用 SQL 的技能从一个关系数据库管理系统(RDBMS)转到另一个,所有用 SQL 编写的程序都是可以移植的。

最常用的 SQL 语句有如下几种:

(1)SELECT 语句,主要用来查询数据表的数据,可以设置查询子条件。

例如,需要查询账号为"zhangsan"客户的真实姓名、注册日期、Email 地址、家庭住址以及剩余虚拟货币的 SQL 语句如下:

```
SELECT truename,regdate,email,address vmoney FROM users WHERE userid = 'zhangsan';
```

(2)INSERT 语句,向表中插入新数据。

例如,下列语句新增一条商品信息,商品编号为 10000000,商品名为"格力 KFR – 32GW/K(3258)I1 – N5 空调",商品类型为电器类,价格 2 650,商品数量为 1 000 台。

```
INSERT INTO products(productid,productname,producttype,productprice,productquantity)
VALUES(10000000,'格力 KFR – 32GW/K(3258)I1 – N5 空调','电器类',2650,1000)
```

(3)UPDATE 语句,可以更新表中现存的数据。

例如,由于用户'zhangsan'由于搬了新家,所以要将其家庭住址改为"湖北省武汉市武昌区教师小区 6 栋 1 单元 301",语句如下:

UPDATE users SET address ='湖北省武汉市武昌区教师小区 6 栋 1 单元 301' WHERE userid ='zhangsan';

(4)DELETE 语句。

例如,某商品由于某种原因下架,因此需要从数据库里删除该商品(假设该商品编号为 10000001)的信息。语句如下:

DELTEFROM products WHERE productid ='10000001';

上述例子全部是 SQL 语句在数据操作方面的应用,因此将这类语句称为数据操作语言(DML)。除了 DML 以外,还有用来生成数据库结构和创建数据库对象的语句,我们称之为数据定义语言(DDL)。比如创建一个 Users 用户表的 DDL 语句如下:

```
CREATE TALBE USERS(
    USERID              VARCHAR2(32)              not null,
    USERNAME            VARCHAR2(50),
    TRUENAME            VARCHAR2(50),
    PASSWORD            VARCHAR2(50),
    QUESTION            VARCHAR2(50),
    ANSWER              VARCHAR2(50),
    EMAIL               VARCHAR2(50),
    SEX                 VARCHAR2(2),
    REGDATE             DATE,
    LASTLOGINIP         VARCHAR2(50),
    LOGINTIMES          NUMBER,
    USERGRADE           VARCHAR2(50),
    USERLEVEL           VARCHAR2(50),
    HOMEPAGE            VARCHAR2(50),
    QQ                  VARCHAR2(50),
    LASTLOGINTIME       DATE,
    IDCARD              VARCHAR2(50),
    ADDRESS             VARCHAR2(50),
    PHONE               VARCHAR2(50),
    POSTALCODE          VARCHAR2(50),
    USERTYPE            VARCHAR2(50),
    DIANPUSTATE         VARCHAR2(50),
    VMONEY              FLOAT,
    Constraint PK_USERS primary key(USERID));
```

1.4.4 关系数据库规范化理论

关系数据库设计之时是要遵守一定的规则的。尤其是数据库设计范式,如:1NF(第一范式),2NF(第二范式),3NF(第三范式)和BCNF。在设计数据库时,若能符合这4个范式,那么数据库就符合规范。

1.4.4.1 第一范式(1NF)

在关系模式 R 中的每一个具体关系 r 中,如果每个属性值都是不可再分的最小数据单位,则称 R 是第一范式的关系。例如,用户账号,姓名,电话号码组成一个表(一个人可能有一个办公室电话和一个家庭电话号码),将其规范成为 1NF 有 3 种方法:

(1)重复存储用户账号和姓名,关键字只能是电话号码;

(2)用户账号为关键字,电话号码分为单位电话和住宅电话两个属性;

(3)用户账号为关键字,但强制每条记录只能有一个电话号码。

以上方法,第一种方法最不可取,按实际情况选取后两种情况。

1.4.4.2 第二范式(2NF)

如果关系模式 R(U,F)中的所有非主属性都完全依赖于任意一个候选关键字,则称关系 R 是属于第二范式的。

例如:购买关系 BUY(userid,productid,price),其中 userid 为客户编号,productid 为商品编号,price 为商品价格。由以上条件,关键字为组合关键字(userid,productid)

在应用中使用以上关系模式有以下问题:

(1)数据冗余,假设同一件商品有 n 个客户购买,商品价格就重复 n 次;

(2)更新异常,若调整了某商品的价格,相应的元组 price 值都要更新,有可能会出现同一种商品价格不同;

(3)插入异常,如卖方新近进货,由于没人购买,没有用户编号关键字,只能等有人购买才能把商品和价格存入;

(4)删除异常,若购买订单已经全处理且被删除,那么数据库将删除购买记录,某些商品有些客户尚未购买,则此商品及价格记录将无法保存。

原因在于非关键字属性 price 仅函数依赖于 productid,也就是 price 部分依赖组合关键字(userid,productid)而不是完全依赖。那么,如何解决这个问题呢? 解决方法是:分成两个关系模式 ODERS(userid,productid),PRODUCTS(productid,price)。新关系包括两个关系模式,它们之间通过 ODERS 中的外关键字 productid 相联系,需要时再进行自然连接,恢复了原来的关系。

1.4.4.3 第三范式(3NF)

如果关系模式 R(U,F)中的所有非主属性对任何候选关键字都不存在传递信赖,则称关系 R 是属于第三范式的。

例如,PRODUCTS(productid,productname,supplierid,suppliername,supplier_location)

各属性分别代表商品编号、商品名、商品的供应商编号、供应商名称及供应商地址。关键字 productid 决定各个属性。由于是单个关键字,没有部分依赖的问题,肯定是 2NF。但这关系肯定有大量的冗余,有关商品的供应商的几个属性 supplierid, suppliername, supplier_location 将重复存储,插入、删除和修改时也将产生类似上例的情况。

出现这个问题的原因在于,关系中存在传递依赖,即 productid → supplierid,且 supplierid→supplier_location,而 supplierid→productid 却不存在,因此关键字 productid 对 supplier_location 函数决定是通过传递依赖 productid→supplier_location 实现的。也就是说,productid 不直接决定非主属性 supplier_location。

因此,在第三范式中,每个关系模式中不能留有传递依赖。上述例子的解决方法是将元关系分为两个关系 PRODUCTS (productid, productname, supplierid), SUPPLIER (supplierid,suppliername,supplier_location)。需要注意的是,关系 products 中不能没有外关键字 supplierid,否则两个关系之间将失去联系。

1.4.4.4 BCNF 范式

如果关系模式 R(U,F)的所有属性(包括主属性和非主属性)都不传递依赖于 R 的任何候选关键字,那么称关系 R 是属于 BCNF 的。

例如:商品库存管理关系模式 WAREHOUSE (warehouseid, productid, employeeid, quantity)分别表示仓库编号、商品编号、员工编号及数量并有以下条件:

(1)一个仓库有多个员工;

(2)一个员工仅在一个仓库工作;

(3)每个仓库里一种型号的商品由专人负责,但一个人可以管理几种商品;

(4)同一种型号的商品可以分放在几个仓库中。

现做一下分析,由上述的 productid 不能确定 quantity,由组合属性(warehouseid, productid)来决定,存在函数依赖(warehouseid,productid)→employeeid。由于每个仓库里的一种配件由专人负责,而一个人可以管理几种配件,所以有组合属性(warehouseid, productid)才能确定负责人,有(warehouseid,productid)→employeeid。因为一个职工仅在一个仓库工作,有 employeeid→warehouseid。由于每个仓库里的一种配件由专人负责,而一个职工仅在一个仓库工作,有(employeeid,productid)→quantity。找一下候选关键字,因为 (warehouseid,productid)→quantity,(warehouseid,productid)→employeeid,因此(warehouseid, productid) 可以决定整个元组,是一个候选关键字。根据 employeeid → warehouseid, (employeeid,productid)→quantity,故(employeeid,productid)也能决定整个元组,为另一个候选关键字。属性 employeeid,warehouseid,productid 均为主属性,只有一个非主属性 quantity。它对任何一个候选关键字都是完全函数依赖的,并且是直接依赖,所以该关系模式是 3NF。

然后分析一下主属性。因为 employeeid → warehouseid,主属性 employeeid 是 warehouseid 的决定因素,但是它本身不是关键字,只是组合关键字的一部分。这就造成主属性 warehouseid 对另外一个候选关键字(employeeid,productid)的部分依赖,因为 (employeeid,productid)→employeeid,但反过来不成立,而 productid → warehouseid,故

（employeeid，productid）→warehouseid 也是传递依赖。

虽然没有非主属性对候选关键字的传递依赖，但存在主属性对候选关键字的传递依赖，同样也会带来麻烦。如一个新职工分配到仓库工作，但暂时处于实习阶段，没有独立负责对某些配件的管理任务。由于缺少关键字的一部分 productid 而无法插入到该关系中去。又如某个人改成不管配件了去负责安全，则在删除配件的同时该职工也会被删除。解决办法是将该关系分成仓库管理 warehouse（warehouseid，productid，quantity），关键字是（warehouseid，productid），仓库员工 employee（employeeid，warehouseid）其关键字是employeeid。

一个关系分解成多个关系，要使分解有意义，起码的要求是分解后不丢失原来的信息。这些信息不仅包括数据本身，而且包括由函数依赖所表示的数据之间的相互制约。进行分解的目标是达到更高一级的规范化程度，但是分解的同时必须考虑两个问题：无损连接性和保持函数依赖。有时往往不可能做到既有无损连接性，又完全保持函数依赖。需要根据需要进行权衡。从 1NF 直到 BCNF 的 4 种范式之间有如下关系：BCNF 包含 3NF 包含 2NF 包含 1NF。创造设计方式的主要目的在于规范化目的是使结构更合理，消除存储异常，使数据冗余尽量小，便于插入、删除和更新。

我们设计数据库结构是要遵循如下原则：遵从概念单一化"一事一地"原则，即一个关系模式描述一个实体或实体间的一种联系。规范的实质就是概念的单一化。总之，一个关系模式分解可以得到不同关系模式集合，也就是说，分解方法不是唯一的。最小冗余的要求必须以分解后的数据库能够表达原来数据库的所有信息为前提来实现。其根本目标是节省存储空间，避免数据不一致性，提高对关系的操作效率，同时满足应用需求。实际上，并不一定要求全部模式都达到 BCNF 不可。有时故意保留部分冗余可能更方便数据查询。尤其对那些更新频度不高、查询频度极高的数据库系统，更是如此。

1.5　数据库设计

数据库设计（Database Design）是指对于一个给定的应用环境，构造最优的数据库模式，建立数据库及其应用系统，使之能够有效地存储数据，满足各种用户的应用需求（信息要求和处理要求）。

1.5.1　数据库设计的阶段

数据库的设计主要包括如下几个阶段：

（1）需求分析阶段。准确了解与分析用户需求（包括数据与处理）是整个设计过程的基础，也是最困难、最耗费时间的一步。

（2）概念结构设计阶段。这一阶段是整个数据库设计的关键，通过对用户需求进行综合、归纳与抽象,形成一个独立于具体 DBMS 的概念模型。

(3)逻辑结构设计阶段。逻辑结构设计阶段即将概念结构转换为 DBMS 所支持的数据模型并进行优化。

(4)数据库物理设计阶段。这一阶段是为逻辑数据模型选取一个最适合应用环境的物理结构(包括存储结构和存取方法)。

(5)数据库实施阶段。这一阶段是运用 DBMS 提供的数据语言、工具及宿主语言,根据逻辑设计和物理设计的结果建立数据库,编制与调试应用程序,组织数据入库,并进行试运行。

(6)数据库运行和维护阶段。数据库应用系统经过试运行后即可投入正式运行。在数据库系统运行过程中必须不断地对其进行评价、调整与修改。

本节将简要介绍数据库需求分析和使用 PowerDesigner 进行数据库设计。

1.5.2 需求分析

事实发现技术在数据库应用开发早期的需求收集和分析阶段中起着非常关键的作用,在此阶段中,开发人员要了解术语、问题、机会、需求以及业务和系统用户的优先级。事实发现技术虽在数据库设计以及以后的阶段中也要用到,但使用的范围要小一些。

一个数据库开发人员在数据库工程中通常使用几种事实发现技术。常用的技术有 5 种:检查文档、面谈、观察操作中的业务、研究以及问卷报告。我们以检查文档和面谈为例说明需求分析的用法:

(1)检查文档。当我们想了解为什么客户需要数据库应用时,检查文档是非常有用的。检查文档可以提供和发现与问题相关的业务信息。一般要检查的文档类型有:

- 内部备忘录、电子邮件、会议备忘录;
- 员工客户意见、问题描述文档;
- 效率回顾/报告;
- 组织图表、任务陈述、事务战略计划;
- 正被研究的部分业务的目标、任务/工作描述;
- 手工的表格和报告的例子;
- 计算表格和报告举例;
- 完成的表格/报表;
- 不同类型的数据流图和图表;
- 数据字典;
- 数据库应用程序设计;
- 程序文档;
- 用户/培训手册。

(2)面谈。面谈是最常用的,也是最有用的事实发现技术。通过面对面谈话可以达到找出事实、确认事实、澄清事实、得到所有最终用户、标示需求、集中意见和观点。一般而言有两种类型的面谈,即有组织的和没有组织的。

我们在通过上述两种方法了解电子商务系统运营商的需求之后,便形成需求文档,在需求文档的基础之上就可以进行数据库设计了。

1.5.3　使用 PowerDesigner 进行据库设计

1.5.3.1　PowerDesigner 简介

数据库设计工具 PowerDesigner 的开发者是华裔工程师王晓昀,其现由美国 Sysbase 公司拥有。PowerDesigner 系列产品提供了一个完整的建模解决方案,业务或系统分析人员,设计人员,数据库管理员和开发人员均可以对其裁剪以满足他们的特定的需要;而其模块化的结构为购买和扩展提供了极大的灵活性,从而使开发单位可以根据其项目的规模和范围来使用他们所需要的工具。PowerDesigner 灵活的分析和设计特性允许使用一种结构化的方法有效地创建数据库或数据仓库,而不要求严格遵循一个特定的方法学。该工具提供了直观的符号表示,使数据库的创建更加容易,并使项目组内的交流和通信标准化,同时能更加简单地向非技术人员展示数据库和应用的设计。

PowerDesigner 不仅加速了开发的过程,也向最终用户提供了管理和访问项目信息的一个有效的结构。它允许设计人员不仅可以创建和管理数据的结构,而且开发和利用数据的结构针对领先的开发工具环境快速地生成应用对象和数据敏感的组件。开发人员可以使用同样的物理数据模型查看数据库的结构和整理文档,以及生成应用对象和在开发过程中使用的组件。应用对象生成有助于在整个开发生命周期提供更多的控制和更高的生产率。

PowerDesigner 包含 6 个紧密集成的模块,允许个人和开发组的成员以合算的方式最好地满足他们的需要。

（1）PowerDesigner ProcessAnalyst,用于数据发现;

（2）PowerDesigner DataArchitect,用于双层,交互式的数据库设计和构造;

（3）PowerDesigner AppModeler,用于物理建模和应用对象及数据敏感组件的生成;

（4）PowerDesigner MetaWorks,用于高级的团队开发,信息的共享和模型的管理;

（5）PowerDesigner WarehouseArchitect,用于数据仓库的设计和实现;

（6）PowerDesigner Viewer,用于以只读的图形化方式访问整个企业的模型信息。

1.5.3.2　数据库设计过程

首先启动 PowerDesigner,选择"File/New"命令,在弹出的对话框中选择 Conceptual Data Model(概念数据模型),单击"确定"按钮,进入概念模型设计界面,并将概念模型命名为"ECDB 概念设计",如图 1 - 6 所示。

概念设计阶段是通过概念、分析和整理数据,确定实体、属性及它们之间的联系。概念数据模型是对实体和实体间的关系的定义(即数据库的逻辑模型),是独立于数据库和数据库管理系统的。单击面板中的"Entity(实体)"图标▦,然后在画布上分别单击,创建若干个实体,如图 1 - 7 所示。

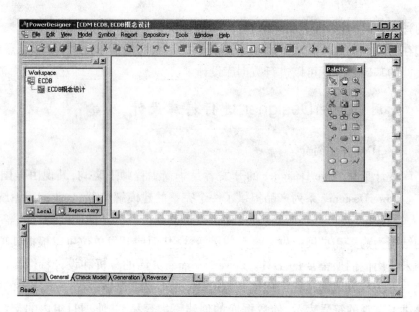

图 1-6　概念设计初始界面

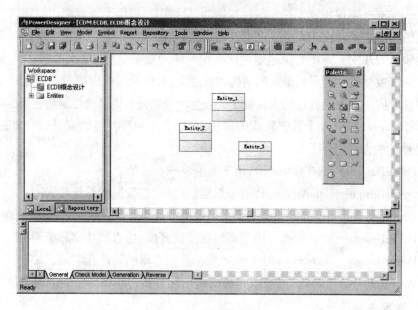

图 1-7　创建若干个实体

　　创建实体后,单击面板上的光标图标 ![icon]，设置实体的属性。双击刚才创建的实体,如"Entity_3",弹出"实体属性"对话框。然后输入实体名称,比如 Users。在"General(常规)"选项卡中,修改实体的名称为"Users"(图 1-8);单击"Attributes(属性)"选项卡,设置实体的属性,如图 1-9。

　　输入属性后,要设置属性的数据类型以及主关键字。设置属性的方法是对每个属性单击其 Data Type 单元格,在弹出的"标准数据类型"对话框中进行配置。例如,设置

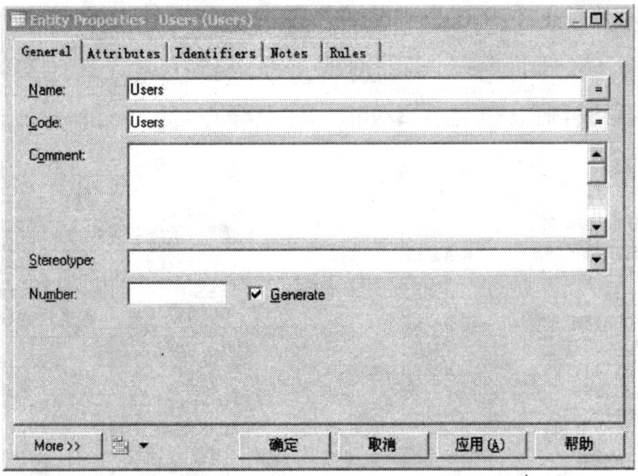

图 1-8　在实体属性的 General 选项卡中输入实体名

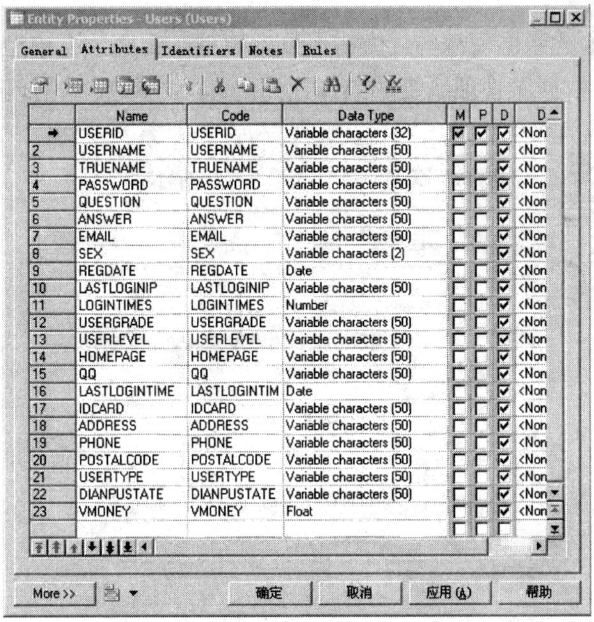

图 1-9　设置实体的属性

"userid"属性为 Variable Character 类型,长度为 32 位。设置完毕后,单击"确定"按钮回到"实体属性"对话框的"属性"选项卡中。设置主关键字的方法是,向右拖动最下边的滚动条,能看到 M、P、D 三个带有复选框的列。例如,设置"userid"为主关键字,则在其后边的 P 复选框中打钩，见图 1-9。

依次设置其他实体及属性。实体定义完成后,还可以创建实体间的关系。单击面板上的关系图标，将一个实体拖至另外一个实体即可。创建关系后,单击面板上的光标图标，进一步设置实体间的关系。例如,设置"USERS"实体和"ORDERS"实体的关系,双击关系"Relationship_1",弹出"关系属性"对话框,如图 1-10 所示。在"常规"选项卡中修改关系的名称为"USER_ORDERS",在"详细资料"中选择"一对多",表示"USERS"实体和"ORDERS"实体之间是一对多的对应关系。依次设置其他实体间的关系。至此,概念模型设计工作完成,概念数据模型如图 1-10 所示。

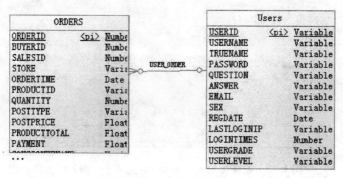

图 1-10　实体—联系图

接下来,要将概念数据模型转化为物理数据模型。物理数据模型是在概念数据模型的基础上针对目标数据库管理系统的具体化。选择"工具/生成物理数据模型"命令,在弹出的"PDM 生成选项"对话框中选择数据库管理系统(DBMS)的类型为"Oracle Version 9i2";在"Name"里输入"ECDB",如图 1-11 所示。

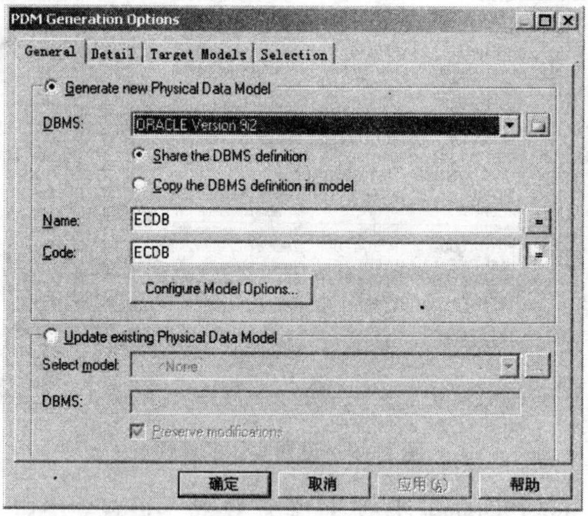

图 1-11　指定数据库管理系统 DBMS

生成的物理数据模型是在 Oracle 9i2 版本数据库中的表结构以及完整性约束关系,如图 1-12。

物理模型设计结束后,利用 PowerDesigner 的生成数据库功能,产生数据库中各数据对象的定义。操作方法是在菜单中选择"Database",然后点击"Generate Database"命令,如图 1-13 所示,在出现的"数据库生成"对话框中单击"确定"按钮,生成的脚本如图 1-14 所示。

图 1 – 12　数据库物理模型

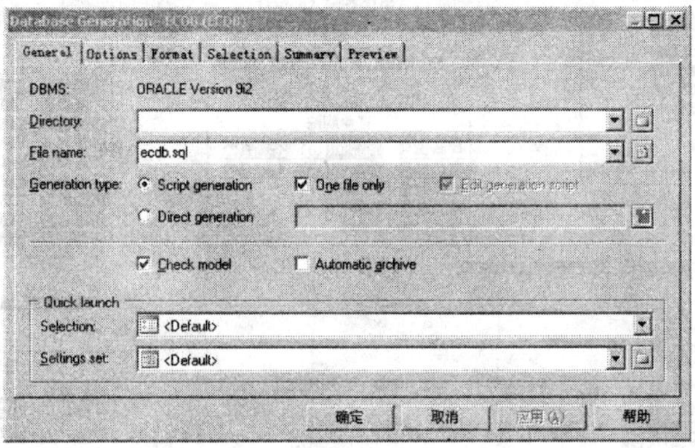

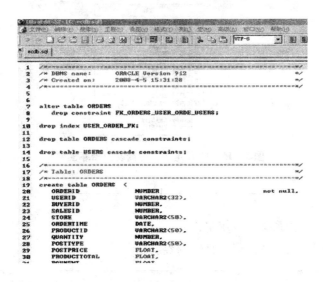

图 1 – 13　生成数据表创建脚本

图 1 – 14　数据表结构的创建脚本

　　PowerDesigner 几乎能够产生所有常用数据库管理系统的 SQL 脚本,设计人员完全可以不经过手工编写 SQL 脚本直接在 DBMS 中生成数据库。使用记事本等文本编辑器打开生成的SQL 脚本文件。将脚本复制到查询分析器中执行,无须手工创建表、视图等数据对象。

　　同时 PowerDesigner 提供增量的数据库开发功能,支持局部更新,可以在概念模型、物理模型、实际数据库三者间完成设计的同步。

经过设计,本书中所使用示例的数据库模型如图 1 - 15 所示。本书后面的论述将围绕这个模型展开。

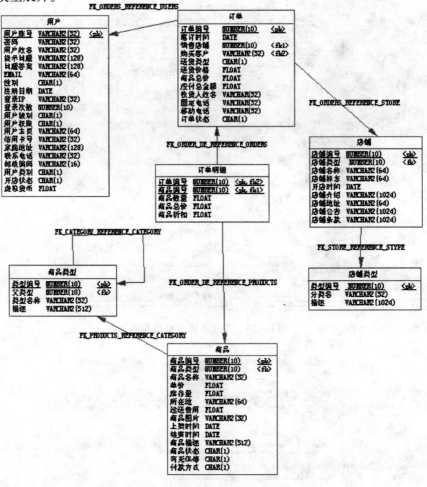

图 1 - 15   C2C 电子商城简易数据库模型

练习题

1. 简述电子商务系统的系统架构。
2. 简述数据库设计各阶段的具体内容。

上机实习

使用 PowerDesigner 创建 USERS 和 ORDER 概念模型和物理模型,实体名与属性名与本书相同。

Oracle数据库系统简介

【本章要点】
- Oracle 的安装
- Oracle 体系结构
- 服务器及客户端网络配置

【学习要求】
- 了解 Oracle 系统的内部结构
- 掌握 Oracle 数据库在 Windows 平台上的安装
- 掌握 Oracle 数据库的网络配置

2.1 Oracle 的安装

2.1.1 Oracle 安装过程

下面详细介绍 Oracle 的安装过程。

（1）首先打开 Oracle 软件解压后的第一个文件夹，找到 setup. exe 并双击。启动 Oracle Universal Installer，如图 2 – 1 所示。

通过该对话框，我们可以获得很多关于 Oracle 数据库的安装信息，比如点击"关于 Oracle Universal Installer"按钮，可以获知 Oracle Universal Installer 的版本；点击"卸装产品"我们可以查看本机上安装的 Oracle 产品以及卸载选定的组件；点击"已安装产品"，可以得到所有已安装 Oracle 组件的列表等。

（2）点击"下一步"进入"文件定位"界面，见图 2 –2。

在文件定位界面中，有两组编辑控件，"源"和"目标"。源编辑控件组中的"请输入要安装产品文件的全路径"在进入本界面时就已自动填充，用户不必手工填入。在目标编辑控件组中，"名称"编辑控件一般不需要更改，也可以自动生成；"路径"编辑控件也可以自动生成，但是用户必须保证该路径所在逻辑磁盘里具有足够的剩余空间安装 Oracle，而且 Oracle

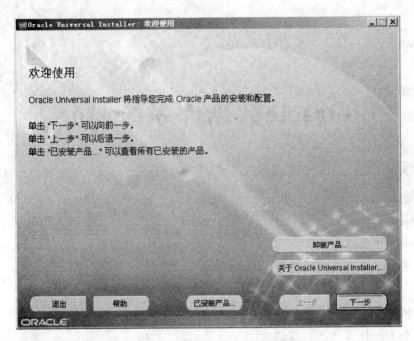

图2-1　Oracle Universal Installer 启动界面

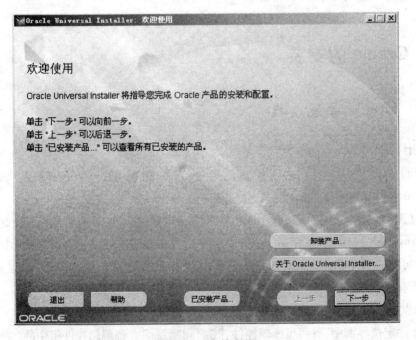

图2-2　文件定位

　　一般安装在系统盘(如C盘)以外的逻辑磁盘里,点击"下一步",在本界面上方会出现一个"正在加载产品"的进度条,然后进入"可用产品"界面,如图2-3。

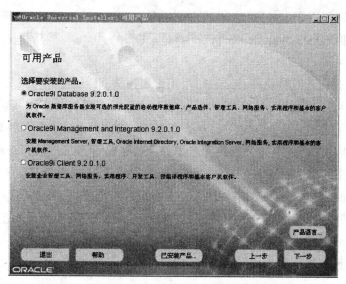

图 2-3　在可用产品界面中选择要安装的产品

（3）在可用产品界面（图 2-3），用户可以选择要安装的产品，一般选择第一项即"Oracle 9i Database 9.2.0.1.0"即可，该选项基本上包括了 Oracle 9i Management and Integration 9.2.0.1.0 和 Oracle 9i Client 9.2.0.1.0 的安装内容，点击"下一步"，进入"安装类型选择"界面。

如果是为了连接上已安装好的 Oracle 服务器，单纯安装客户端，则可以选择最后一项，这样可以节约本机的硬盘存储空间。

（4）"安装类型"（图 2-4）是提供用户选择安装的数据库类型的界面。对于初学者，一般选择"企业版"，是由于"标准版"和"个人版"Oracle 有很多功能缺省且"自定义"选

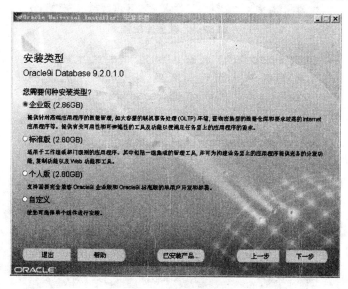

图 2-4　安装类型选择

项后面有很多需要用户自定义数据库系统的功能。点击"下一步",在本界面的上方会出现一个"正在加载 XDK Required Support 的对话框"的进度条,然后进入"数据库配置"界面。

(5)在"数据配置"界面中(图2-5)由用户根据数据库的用途来选择安装类型,一般选择"通用"即可。其他几种安装类型根据基于该数据库系统的应用系统类型可以分为"事务处理"、"数据仓库"、"自定义"以及"只安装软件"类型。"事务处理"选项针对事务处理为主的应用系统(比如一般的 MIS 系统)进行了优化;而"数据仓库"选项则是针对数据仓库为主的应用(比如决策支持系统)进行了优化。"自定义"则是高级选项,为那些具备丰富经验的数据库管理员根据应用系统的特点进行详细的优化。"只安装软件"选项则安装数据库管理软件,不生成数据库实例。点击"下一步",进入"Oracle MTS Recovery Service 配置界面"如图2-6所示,该界面配置可以缺省即可不用更改,直接点击"下一步",进入"数据库标识"界面。

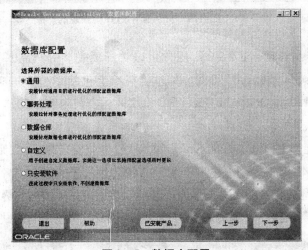

图2-5　数据库配置

图2-6　Oracle MTS Recovery Service 配置界面

（6）在"数据库标识"界面中（图 2 – 7），用户输入数据库的全局名和 SID（系统标识符）名，注意数据库的全局名是由 SID 加上域名来构成的，如果数据库所在计算机没有域名，则可以任意加上一个后缀。在本例中，全局数据库名为：ecdb. imd. ccnu. edu，SID 为：ecdb。填写完毕之后点击"下一步"，进入"数据库文件位置"界面。

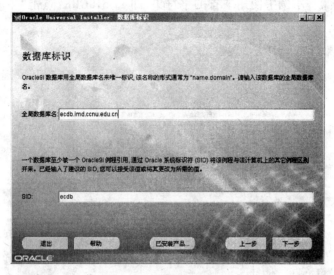

图 2 – 7　数据库标识输入

（7）"数据库文件位置"界面里（图 2 – 8）"数据库文件目录"用来填入**数据库文件存**放目录。在进入此界面时，Oracle 安装工具会自动填充一个目录路径，用户也可以更改数据库文件的存放目录，但是必须保证该目录所在硬盘拥有足够大的空间，点击"下一步"，进入"数据库字符集"配置界面。

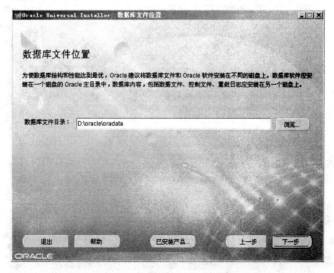

图 2 – 8　数据库文件位置

（8）在"数据库字符集"配置界面（图2－9），用户可以指定数据库所使用的字符集。Oracle安装工具可以自动探测操作系统的字符集，然后缺省指定数据库使用的字符集，比如在中文Windows系统中，安装工具自动指定数据库的字符集为ZHS16GBK，即中文大字符集，包括简体和繁体中文的字符集。用户也可以选择"选择常用字符集之一"，更改数据库使用的字符集。本例中使用缺省的字符集，即ZHS16GBK，点击"下一步"，进入"摘要"界面。

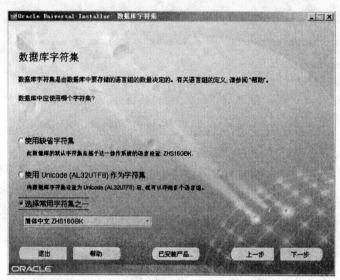

图2－9　数据库字符集

（9）"摘要"（图2－10）显示了数据库安装配置信息，包括数据库的全局设置，产品语言，空间要求，新安装组件等信息。用户可以查看信息，判断是否满足自己的安装要求，

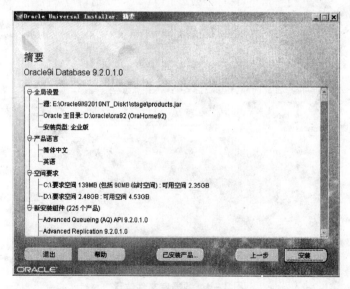

图2－10　摘要界面

如果不满足可以选择"上一步"退回去重新选择配置,如果满足要求则点击"安装"按钮进入开始正式安装。

(10)图 2-11 显示 Oracle 的安装过程。在安装过程中,Oracle 安装工具会提示用户更换安装磁盘,这时用户只需要按照工具提示将安装软件位置更换为第二盘及第三盘(其实就是解压后的第二个及第三个文件夹)即可,如在图 2-12 中点击浏览出现如图 2-13 所示界面,然后选择第二个文件夹,点击"确定"。当再次提示更换磁盘时,依次选择第二个文件夹的方法,选择第三个文件夹即可。

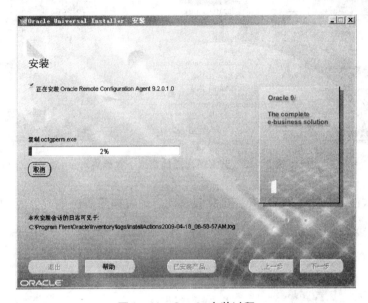

图 2-11　Oracle 安装过程

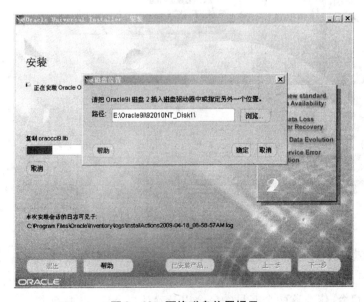

图 2-12　更换磁盘位置提示

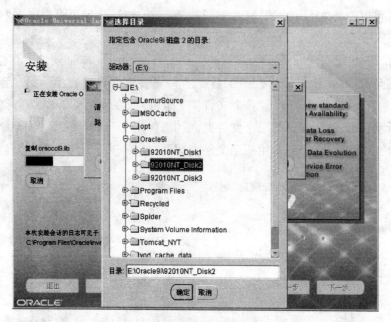

图 2 – 13　选择解压后的第二个文件夹

（11）在软件安装完毕之后，安装工具会自动启动数据库实例生成界面，如图 2 – 14。

图 2 – 14　数据库实例生成界面

（12）当数据库实例生成完毕之后，Oracle 安装工具会弹出"更改口令界面"，如图 2 – 15。SYS 和 SYSTEM 用户账号是数据库实例生成时自动增加的系统账号。本界面用来修改两个账号的缺省口令，修改这两个账号的口令以及确认口令后，点击确定。

（13）数据库软件安装完毕，见图2-15。点击"退出"结束安装过程。

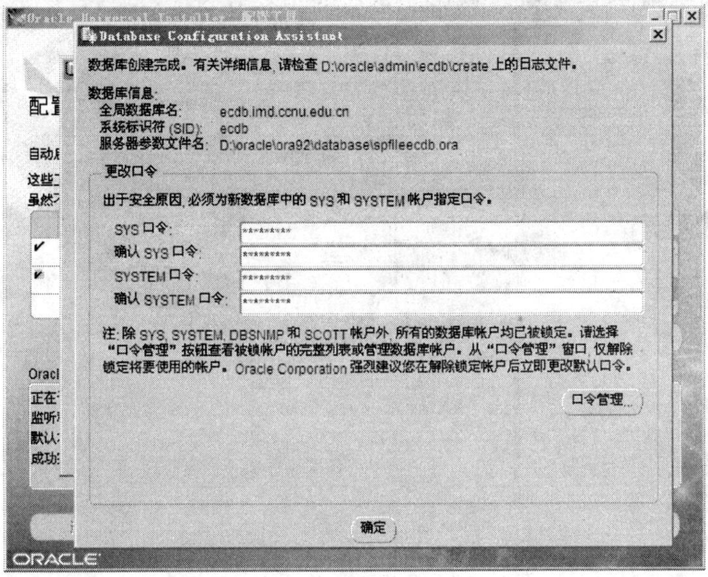

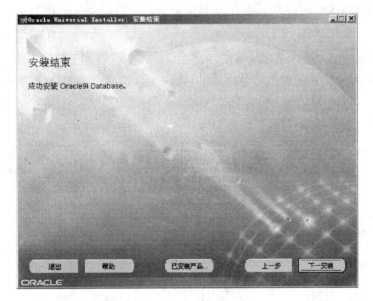

图2-15　更改口令

图2-16　安装完毕界面

2.1.2　验证安装

（1）验证方法一。从开始菜单点击"程序"→"Oracle - OraHome92"→"Enterprise Manager Console"，就会出现"Oracle 企业管理控制台"界面（如图2-17）。然后点击界面左边窗口中的属性菜单，"网络"→"数据库"→ECDB，就会弹出"数据库连接信息"对话

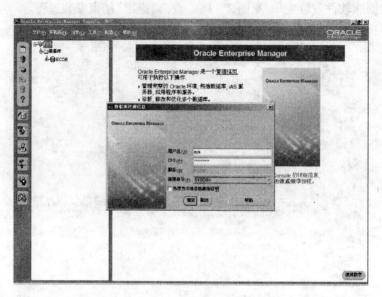

图 2－17　Oracle 企业管理器控制台

框,在"用户名"中输入"sys",在"口令"中输入安装数据库时所设置的口令,在"连接身份"中选择"SYSDBA",然后点击确定,如果出现如图 2－18 所示界面,标明安装和启动数据库成功。

(2)验证方法二。进入 Windows 的控制面板,再进入"管理工具",打开"服务",如果在服务列表里,Oracle 相关服务已经启动的话,表明数据库已经安装成功比如,图 2－19 中的"OracleOraHome92TNSListener"和"OracleServiceECDB"两个服务已经启动,表明 Oracle 数据库已安装成功。

图 2－18　Oracle 企业管理器控制台打开

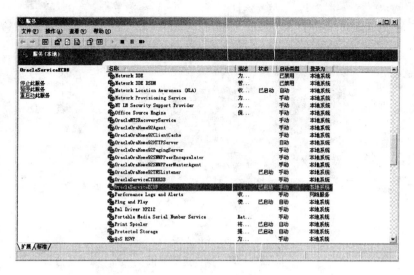

图 2 – 19　Windows 管理工具服务界面

2.2　服务器及客户端网络配置

2.2.1　Oracle 服务器网络配置

如果按照第 2.1.2 节所示步骤安装数据库,安装工具会缺省地为数据库配置一个 Oracle Net 监听程序,监听程序名为 Listener,监听端口为 1521。每个数据库实例都必须至少有一个监听程序,只有这样客户端才能通过它连接上数据库。用户也可以手工为 Oracle 服务器增加监听程序,并且可以指定一个不同于 1521 的其他端口号。下面是增加 Oracle Net 监听程序的步骤:

（1）按顺序点击"开始"→"程序"→"Oracle – OraHome92"→"Configuration and Migration Tools"→"Net Configuration Assistant",弹出开始界面（图 2 – 20）,选择"监听器程序配置"。

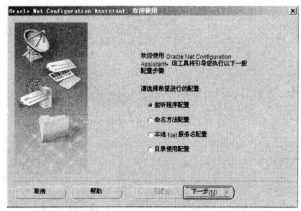

图 2 – 20　Net Configuration Assistant 开始界面

（2）进入选择操作（图2-21），选择"添加"，点击"下一步"。

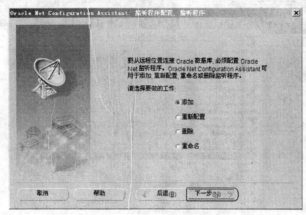

图2-21 操作选择界面

（3）在弹出窗口的"监听程序名"中填入监听程序，由于第2.1.1节安装步骤会缺省地为数据库实例配置一个明为 LISTENER 的监听程序，因此增加新的监听程序时要取一个与之不同的名称。如图2-22所示的"LISTENER1"，点击"下一步"。

图2-22 填写监听程序名

（4）在选择协议界面中（图2-23），选择 TCP 协议即可，点击"下一步"。

图2-23 选择通信协议界面

（5）选择监听程序的 TCP/IP 协议的端口号（图 2 - 24）。由于原有的 LISTENER 监听程序已经占用了 1521 端口，因此在新增加监听程序时须指定一个不同的端口号。因此，选择界面中"使用另一个端口号"，填入 1522，点击"下一步"。

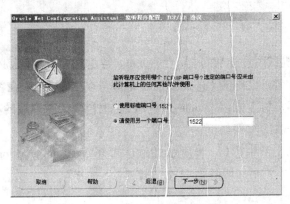

图 2 - 24　监听程序端口号配置

（6）在图 2 - 25 界面中，选择"否"，点击"下一步"。

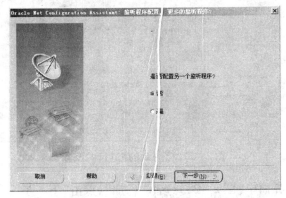

图 2 - 25　选择是否配置另一个监听程序

（7）在图 2 - 26 所示界面中的下拉框中选择 LISTENER1，即刚配置的监听程序，然后点击"下一步"，启动该监听程序，点击"下一步"。

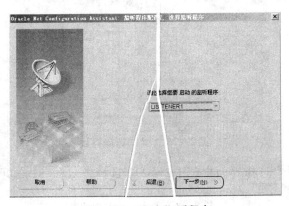

图 2 - 26　启动监听程序

（8）在下一个界面中点击"下一步"，然后在后一个界面中点击"完成"即完成了监听程序新增操作。除了监听程序的新增，还可以删除监听程序、修改监听程序的配置以及重命名监听程序等。

2.2.2 Oracle 客户端网络配置

如果一台客户机试图连上服务器上的 Oracle 数据库实例，那么必须在客户机上配置 Oracle Net 本地服务名。在配置 Oracle Net 本地服务名之前，必须在客户机上安装 Oracle 客户端（当然如果客户机上安装 Oracle 企业版，它也包含了客户端的功能）。配置客户端 Oracle Net 本地服务名的步骤如下：

（1）按照第2.2.1 节中第（1）步所示的顺序打开 Net Configuration Assistant 开始界面（图2-27）。选择"本地 Net 服务名配置"，点击"下一步"。

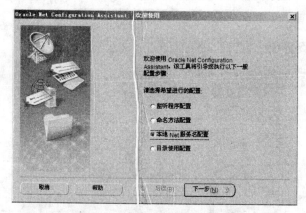

图2-27 选择希望进行的配置

（2）在操作选择界面中（图2-28）选择"添加"，点击"下一步"。

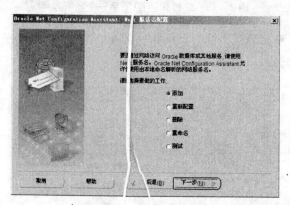

图2-28 操作选择界面

（3）在数据库版本选择界面中（图2-29）选择"Oracle 8i 或更高版本数据库或服务务"，点击"下一步"。

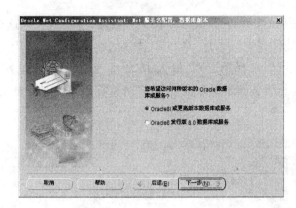

图 2-28　选择数据库版本

（4）在服务名配置界面（图 2-30）的服务名控件里填入数据库服务名。注意这里的服务名是数据库服务器端的服务名，一般是数据库实例的全局名。本书中数据库实例全局名是"ecdb. imd. ccnu. edu. cn"，因此可以将该全局名填入控件，点击"下一步"。

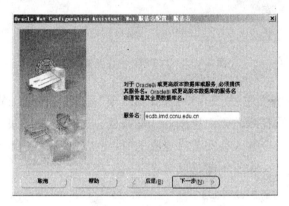

图 2-30　服务名配置

（5）在数据库访问协议选择界面（图 2-31），选择 TCP 协议。因为我们在配置服务器端的监听程序时也是使用的 TCP 协议，因此在客户端配置本地 Net 服务名时要选择与服务器端相同的协议，点击"下一步"。

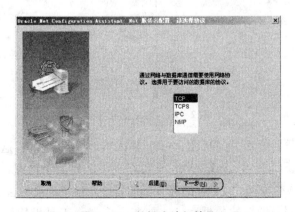

图 2-31　数据库访问协议

（6）在 TCP/IP 协议配置界面（图 2－32）中，输入"主机名"，在这里也可以输入 IP 地址（推荐使用 IP 地址代替主机名）。TCP/IP 协议的端口号可以使用 1521，这样就会连上缺省的监听程序；也可以选择第二项，输入 1522，那么就是连上服务器端的 LISTENER1 监听程序。总之，要与服务器端的某个已被启动监听程序的 TCP/IP 端口号一致。点击"下一步"。

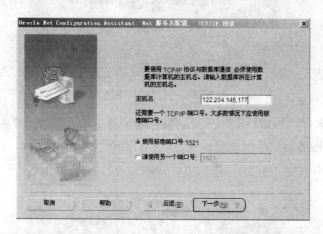

图 2－32　TCP/IP 协议配置界面

（7）在测试选择界面中（图 2－33）选择第二项"是，进行测试"，点击"下一步"，进入测试界面（图 2－34），在测试界面里刚开始会报错，点击"更改登录"，在弹出窗口里，用户名输入"system"，口令输入在安装时更改的口令（见图 2－15），然后点击确定，如果登录成功，会出现如图 2－35 所示测试成功界面，点击"下一步"。

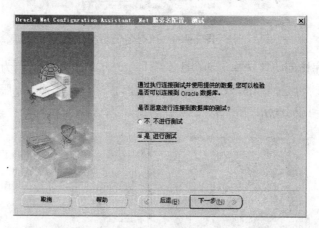

图 2－33　测试选择界面

（8）在"Net 服务名配置"界面（图 2－36）输入本地 Net 服务名，这个服务名由用户自己来取，比如 Local_ECDB 等，点击"下一步"，在下一个界面中再点击"下一步"，最后点击"完成"，即可完成本地 Net 服务名的配置。配置好本地 Net 服务名之后，用户就可以使用该服务名连接上服务器端的数据库。比如在 SQL Plus 工具里使用如下格式连接服务

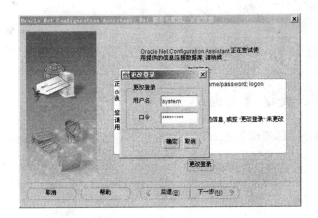

图 2 – 34　测试界面

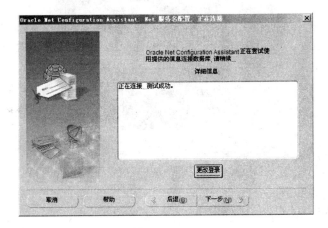

图 2 – 35　测试成功

器端数据库：

> SQL > CONNECT < username > / < password > @ local_ecdb

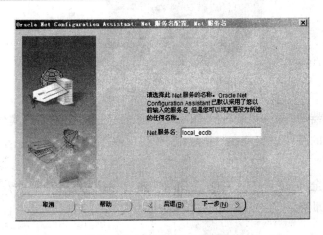

图 2 – 36　Net 服务名输入界面

2.3 Oracle 体系结构

2.3.1 Oracle 数据库的总体架构

Oracle 数据库的总体架构如图 2-37 所示。一个完整的可运行 Oracle 数据库包括 Oracle 实例(包括内存结构与后台进程)和 Oracle 数据库(包括一系列物理操作系统文件的集合)。

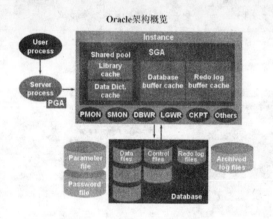

图 2-37 Oracle 架构概览

2.3.2 Oracle 实例(Instance)

Oracle 数据库实例的结构如图 2-38 所示。

图 2-38 Oracle 数据库实例的结构

在一个服务器中,每一个运行的 Oracle 数据库都与一个数据库实例相联系,实例是我们访问数据库的手段。实例在操作系统中用 ORACLE_SID 来标识,在 Oracle 中用参数 INSTANCE_NAME 来标识,它们两个的值是相同的。数据库启动时,系统首先在服务器内存中分配系统全局区(SGA),构成了 Oracle 的内存结构,然后启动若干个常驻内存的操作系统进程,即组成了 Oracle 的进程结构,内存区域和后台进程合称为一个 Oracle 实例。

数据库与实例之间是 1 对 n 的关系,在非并行的数据库系统中每个 Oracle 数据库与一个实例相对应;在并行的数据库系统中,一个数据库会对应多个实例,同一时间用户只与一个实例相联系,当某一个实例出现故障时,其他实例自动服务,保证数据库正常运行。在任何情况下,每个实例都只可以对应一个数据库。

2.3.2.1　Oracle 实例的内存结构

内存是影响数据库性能的重要因素,Oracle 9i 以前版本使用静态内存管理模式,之后(包括 9i)使用动态内存管理。所谓静态内存管理,就是在数据库系统中,无论是否有用户连接,也无论并发用户量大小,只要数据库服务在运行,就会分配固定大小的内存;动态内存管理允许在数据库服务运行时对内存的大小进行修改,读取大数据块时使用大内存,读取小数据块时使用小内存,读取标准内存块时使用标准内存设置。

按照系统对内存使用方法的不同,Oracle 数据库的内存可以分为以下几个部分:

(1)系统全局区 SGA(System Global Area)

SGA 是一组为系统分配的共享的内存结构,可以包含一个数据库实例的数据或控制信息。如果多个用户连接到同一个数据库实例,在实例的 SGA 中,数据可以被多个用户共享。当数据库实例启动时,SGA 的内存被自动分配;当数据库实例关闭时,SGA 内存被回收。SGA 是占用内存最大的一个区域,同时也是影响数据库性能的重要因素。SGA 的有关信息可以通过下面的语句查询,sga_max_size 的大小是不可以动态调整的。

系统全局区按作用不同可以分为:

• 数据缓冲区(Database Buffer Cache)　如果每次执行一个操作时,Oracle 都必须从磁盘读取所有数据块并在改变它之后又必须把每一块写入磁盘,显然效率会非常低。数据缓冲区存放需要经常访问的数据,供所有用户使用。修改数据时,首先从数据文件中取出数据,存储在数据缓冲区中,修改/插入数据也存储在缓冲区中,commit 或 DBWR(下面有详细介绍)进程的其他条件引发时,数据被写入数据文件。数据缓冲区的大小是可以动态调整的,但是不能超过 sga_max_size 的限制。数据缓冲区的大小对数据库的存区速度有直接影响,多用户时尤为明显。有些应用对速度要求很高,一般要求数据缓冲区的命中率在 90% 以上。

• 日志缓冲区(Log Buffer Cache)　日志缓冲区用来存储数据库的修改信息,该区对数据库性能的影响很小。

• 共享池(Share Pool)　共享池是对 SQL,PL/SQL 程序进行语法分析、编译、执行的内存区域,共享池的大小可以动态修改。它包含三个部分:库缓冲区(Library Cache)包含 SQL,PL/SQL 语句的分析码,执行计划;数据字典缓冲区(Data Dictionary Cache)表,列定义,权限;用户全局区(User Global Area)用户 MTS 会话信息。

(2)程序全局区 PGA(Programe Global Area)

程序全局区是包含单个用户或服务器数据和控制信息的内存区域,它是在用户进程连接到 Oracle 并创建一个会话时由 Oracle 自动分配的,不可共享,主要用于用户在编程存储变量和数组。

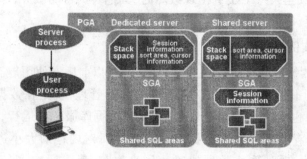

图 2 - 39   程序全局区

PGA 包含了如下部分(图 2 - 39):
- Stack Space 是用来存储用户会话变量和数组的存储区;
- Session Information,用来保存会话信息;
- Sort Area,用来进行查询排序的内存区域;
- Cursor Information,用来保存游标信息。

注意 Session information(用户会话信息)在独占服务器中与在共享服务器中所处的内存区域是不同的。

(3)排序区(Sort Area)

排序区为有排序要求的 SQL 语句提供内存空间。系统使用专用的内存区域进行数据排序,这部分空间就是排序区。在 Oracle 数据库中,用户数据的排序可使用两个区域,一个是内存排序区,一个是磁盘临时段,系统优先使用内存排序区进行排序。如果内存不够,Oracle 自动使用磁盘临时表空间进行排序。为提高数据排序的速度,建议尽量使用内存排序区,而不要使用临时段。

(4)大池(Large Pool)用于数据库备份工具——恢复管理器(Recovery Manager)。

(5)Java 池主要用于 Java 语言开发,一般来说不低于 20M。

(6)Oracle 自动共享内存管理(Automatic Shared Memory Management)。

在 Oracle 8i/9i 中数据库管理员必须手动调整 SGA 各区的各个参数取值,每个区要根据负荷轻重分别设置,如果设置不当,比如当某个区负荷增大时,没有调整该区内存大小,则可能出现"ORA - 4031:unable to allocate . . . bytes of shared memory"错误。在 Oracle 10g 中,将参数 STATISTICS_LEVEL 设置为 TYPICAL/ALL,使用 SGA_TARGET 指定 SGA 区总大小,数据库则会根据需要在各个组件之间自动分配内存大小。

2.3.2.2   Oracle 实例的后台进程结构(Process Structure)

Oracle 包含三类进程:用户进程(User Process)、服务器进程(Server Process)和后台进程(Background Process)。

（1）用户进程和服务器进程

当数据库用户请求连接到 Oracle 的服务时启动用户进程（比如启动 SQL Plus 时）。用户进程首先必须建立一个连接。用户不能直接与 Oracle 服务器相连接，必须通过服务器进程交互。

服务器进程是用户进程与服务器交互的桥梁，它可以与 Oracle Server 直接交互。服务器进程有共享和独占两种形式。

（2）后台进程

数据库的物理结构与内存结构之间的交互要通过后台进程来完成。数据库的后台进程包含两类，一类是必须的，一类是可选的。

必须具有的后台进程：

DBWR（Database Writer）数据写入；PMON（Process Moniter）进程监控；LGWR（Log Writer）日志写入；SMON（System Moniter）系统监控；RECO（Recovery）恢复；CKPT（Checkpoint）检查点。

可选的后台进程：

ARCn（Archiver）归档、LCKn（Lock）锁、Dnnn（Dispatcher）调度等。

下面重点介绍 5 个常用后台进程：

（1）DBWR（Database Writer，数据写入进程）

DBWR 将数据缓冲区的数据写入数据文件，是负责数据缓冲区管理的一个后台进程。当缓冲区中的数据被修改后，就标记为"dirty"，DBWR 进程将其中"脏"数据写入数据文件，保持缓冲区的"干净"。由于该区域的数据被用户修改并占用，空闲部分会不断减少，当用户进程要从磁盘读取数据块到缓冲区却无法找到足够的空闲空间时，DBWR 将数据缓冲区的内容写入磁盘，使用户进程总可以得到足够的空闲缓冲区域。

DBWR 管理数据缓冲区，以便用户进程总能够找到足够的空闲缓冲区。将所有修改后的缓冲区数据写入数据文件。使用 LRU（最近最少使用）算法保持缓冲区数据是最近经常使用的。通过延迟读写来优化磁盘 I/O。

（2）SMON（System Monitor，系统监控程序）和 PMON（Process Monitor，进程监控程序）

当启动一个数据库时，SMON 进程执行所需的实例恢复操作（使用联机重做日志文件），它也可以清除数据库，取消系统不再需要的事务对象。SMON 的另一个用途是将邻接的自由盘区组成一个较大的自由盘区。对于某些表空间，数据库管理员必须手工执行自由空间合并；SMON 只合并表空间中的自由空间。

PMON 后台进程清除失败用户的进程，释放用户当时正在使用的资源。当一个持有锁的进程被取消时，其效果是显而易见的，PMON 负责释放锁并使其可以被其他用户使用。同 SMON 一样，PMON 周期性地被唤醒，检测该进程是否需要被使用。

（3）LGWR（Log Writer，日志写入进程）

将日志数据从日志缓冲区写入磁盘日志文件组。数据库在运行时，如果对数据库进行修改则产生日志信息,日志信息首先产生于日志缓冲区。当日志达到一定数量时,由LGWR 将日志数据写入到日志文件组,再经过日志切换,由归档进程(ARCH)将日志数据写入归档进程(前提是数据库运行在归档模式下)。数据库遵循写日志优先原则,即在写数据之前先写日志。

(4)RECO(Recovery,恢复进程)

RECO 进程用于解决分布式数据库中的故障恢复问题。RECO 进程试图访问存在疑问的分布式事务的数据库并解析这些事务。只有在平台支持 Distributed Option(分布式选项)且 init. ora 文件(Oracle 初始化参数文件)中的 DISTRIBUTED_TRANSACTIONS 参数大于 0 时才创建这个进程。

(5)CKPT(Checkpoint,检查点进程)

CKPT 进程用来减少执行实例恢复所需的时间。检查点指示 DBWR 把上一个检查点以后的全部已修改数据块写入数据文件,并更新数据文件头部和控制文件以记录该检查点。当一个联机重做日志文件被填满时,检查点进程会自动出现。

2.3.3 Oracle 数据库

Oracle 数据库是由物理操作系统文件的组成集合。

2.3.3.1 控制文件

控制文件的扩展名为 ctl,为了防止信息的丢失,控制文件可能由一组文件组成。它包括如下主要信息:数据库名,检查点信息,数据库创建的时间戳;所有的数据文件、联机日志文件、归档日志文件信息;备份信息等。有了这些信息,Oracle 就知道那些文件是数据文件,现在的重做日志文件是哪些,这些都是系统启动和运行的基本条件,所以控制文件是 Oracle 运行的根本。如果没有控制文件系统是不可能启动的。控制文件是非常重要的,一般采用多个镜像复制,或非常 RAID 来保护控制文件。控制文件的丢失,将使数据库的恢复变的非常复杂。

2.3.3.2 数据文件

数据文件的详细信息记载在控制文件中,它们一般以 dbf 为扩展名。

(1)系统数据文件(如:system_01. dbf)

存放系统表和数据字典,一般不放用户数据,但用户脚本,如过程,函数,包等,却保存在数据字典中的。所谓数据字典是一些系统表或视图,主要用来存放系统的信息,包括数据库版本,数据文件信息,表与索引等信息,系统的运行状态等各种和系统有关的信息和用户脚本信息。数据库管理员可以通过对数据字典的查询,了解 Oracle 系统的运行状态。

(2)回滚段文件(如:rbs_01. dbf)

如果数据库进行数据修改,那么就必须使用回滚段。回滚段是用来临时存放修改前的数据(Before Image)。回滚段通常都放在一个单独的表空间上(回滚表空间),避免表空间碎片化,这个表空间包含的数据文件就是回滚数据文件。

(3)临时数据文件(如:temp_01. dbf)

主要存放用户的排序等临时数据,与回滚段相似,临时段也容易引起表空间碎片化,而且没有办法在一个永久表空间上开辟临时段,所以就必须有一个临时表空间,它所包含的数据文件就是临时数据文件,主要用于不能在内存上进行的排序操作。我们必须为用户指定一个临时表空间。

(4)用户数据文件(如:users01. dbf)

存放用户数据,这里列举了两类常见的用户型数据,一般数据和索引数据,一般来说,如果条件许可的话,可以考虑放在不同的磁盘上。

2.3.3.3　重做日志文件

用户对数据库进行的任何操作都会记录在重做日志文件,比如 redo01. log。在了解重做日志之前必须了解重做日志的两个概念,重做日志组和重做日志组成员(Member),一个数据库中至少要有两个日志组文件,一组写完后再写另一组,即轮流写。每个日志组中至少有一个日志成员,一个日志组中的多个日志成员是镜像关系,有利于日志文件的保护,因为日志文件的损坏,特别是当前联机日志的损坏,对数据库的影响是巨大的。联机日志组的交换过程叫做切换,需要特别注意的是,日志切换在一个优化效果不好的数据库中会引起临时的"挂起"。挂起大致有两种情况:(1)在归档情况下,需要归档的日志来不及归档,而联机日志又需要被重新利用;(2)检查点事件还没有完成(日志切换引起检查点),而联机日志需要被重新利用。解决这种问题的常用手段是:增加日志组或增大日志文件成员大小。

2.3.3.4　归档日志文件

Oracle 可以运行在两种模式之中,归档模式和不归档模式。在归档模式中,为了保存用户的所有修改,在重做日志文件切换后和被覆盖之间系统将他们另外保存成一组连续的文件系列,该文件系列就是归档日志文件。归档日志文件是保证数据库不丢失的重要措施,因为任何错误都会对数据库安全产生影响影响,而归档日志文件能够保留历史数据,以备将来万一数据库损坏时进行数据的恢复。

2.2.3.5　初始化参数文件

初始化文件记载了许多数据库的启动参数,其格式一般为:init < SID > . ora 或 init. ora,通常位于$ORACLE_HOME/ admin \ < SID > \pfile 下,如内存,控制文件,进程数等,在数据库启动的时候加载,初始化文件记录了很多重要参数,对数据库的性能影响很大,如果不是很了解,不要轻易改写,否则会引起数据库性能下降。

2.2.3.6　其他文件

(1)密码文件,用于 Oracle 的具有 SYSDBA 权限用户的认证。

(2)日志文件,如报警日志文件(alert. log 或 alrt. ora)。用来记录数据库启动,关闭和一些重要的出错信息。数据库管理员应该经常检查这个文件,并对出现的问题作出及时的反应。

(3)后台或用户跟踪文件,系统进程或用户进程出错前写入的信息,一般不可读懂,可以通过 Oracle 的 TKPROF 工具转化为可读的格式。对于系统进程产生的跟踪文件与报警日志文件的路径一样,用户跟踪文件的路径。

练习题

1. 使用 Oracle Universal Installer 安装 Oracle 数据库的步骤主要有哪些?
2. 描述 Oracle 的体系结构。

上机实习

1. 按照本章介绍的过程,在 Microsoft Windows 2000 或 XP 上安装 Oracle 数据库,并启动数据库,进行基本操作。
2. 使用另外一台 PC 作为客户端,通过配置 Oracle 网络连接到上题安装的服务器。

建立数据库

【本章要点】

- 使用 Oracle 中 Database Configuration Assistant 工具（DBCA）创建数据库
- 配置数据库的初始化参数
- 启动和关闭数据库

【学习要求】

- 掌握 DBCA 创建数据库实例的步骤
- 了解 Oracle 的重要初始化参数
- 掌握 Oracle 数据库启动和关闭方法

3.1　使用 Database Configuration Assistant 创建数据库

　　按照上一章的方法安装数据库，Oracle 安装工具缺省地创建了一个数据库。除此之外，用户还可以通过 Oracle 的 DBCA 工具或手工来创建数据库。

　　下面是通过 DBCA 创建数据库的步骤：

　　（1）启动 DBCA 工具。点击"开始"→"程序"→"Oracle - OraHome92"→"Configuration and Migration Tools"→"Database Configuration Assistant"，出现如下界面（图 3 - 1）然后点击"下一步"。

　　（2）在操作选择界面（图 3 - 2）中列举出 4 项数据库操作，选择"创建数据库"，点击"下一步"。

　　（3）在数据库创建模板界面（图 3 - 3）中列举出了根据不同应用类型而创建数据库的 4 个模板。选择"General Purpose"即通用目的模板。点击右下方的"显示详细资料"按钮，还可以显示出模板的详细信息，比如公共选项、初始化参数等值，如图 3 - 4 所示。查看完毕之后点击图 3 - 3 所示的"下一步"，进入下一个界面。

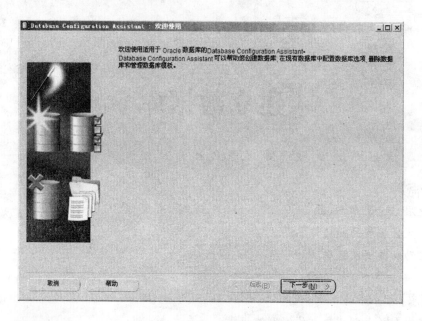

图 3-1　DBCA 启动初始界面

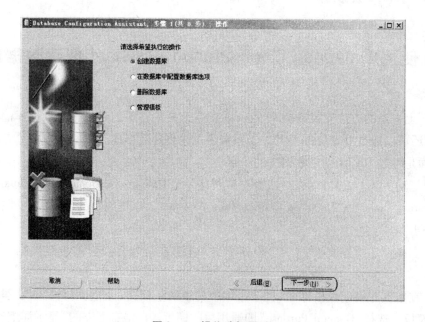

图 3-2　操作选择界面

（4）在数据库标识界面（图 3-5）输入数据库的 SID 和全局数据库名，分别为"ecdb2"和"ecdb2. imd. ccnu. edu. cn"，点击"下一步"。

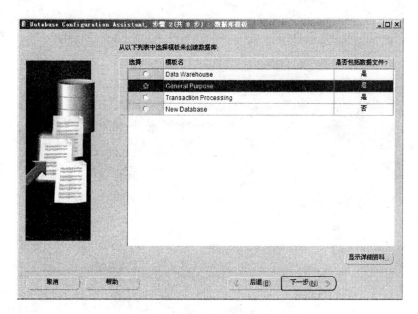

图 3-3　数据库创建模板选择界面

图 3-4　数据库详细资料

（5）在监听程序注册界面（图 3-6）中，选择"将此数据库注册到所有监听程序"。也可以选择"注册到特定的监听程序"。这两者的区别在于：如果注册所有监听程序，那么客户端就可以通过所有监听程序连上服务器端的数据库；如果注册到某个特定的监听程序，那么客户端就只能通过该监听程序连接上该数据库，点击"下一步"。

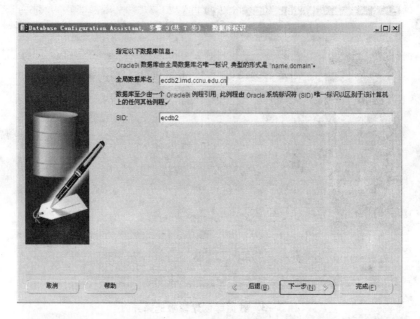

图 3-5　数据库标识

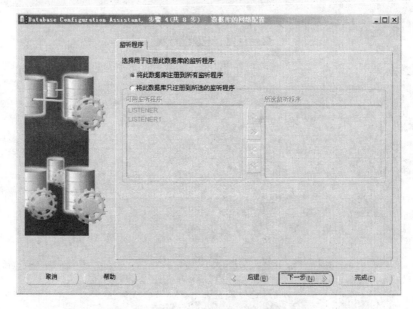

图 3-6　监听器注册

(6)在数据库操作模式界面(图 3-7),用户可以根据需要选择数据库默认的操作模式。如果连接到数据库的用户个数较少或者每个用户操作数据库的时间较长,那么最好是选择"专用服务器模式";反之如果连接用户较多或者每次操作时间较短,就选择"共享服务器模式",还可以点击"编辑共享连接参数"来配置共享服务器,以达到最优化的效果。这里以"专用服务器模式"为例,点击"下一步"。

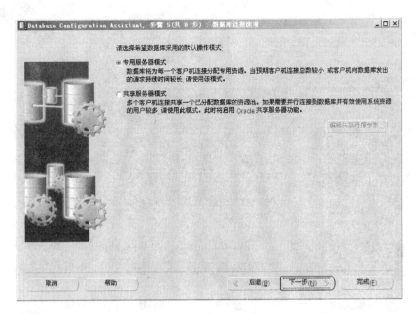

图 3-7　数据库操作模式

（7）在初始化参数配置界面,用户可以配置数据库初始化参数。数据库的初始化参数直接决定数据库的性能以及其他方面的配置,它分为内存(图 3-8),字符集(图 3-9),数据库大小(图 3-10),文件位置(图 3-11),归档(图 3-12)等类型。这些参数具体含义,我们将在第 3.3 节详细论述,创建数据库时一般缺省配置即可。还可以点击"所有初始化参数"按钮,显示所有参数信息(图 3-13)点击"下一步"。

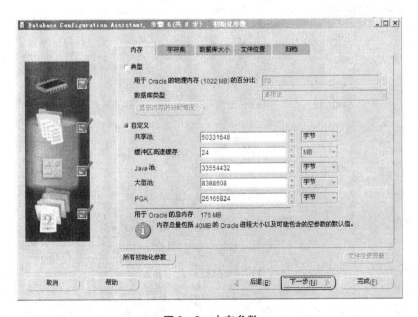

图 3-8　内存参数

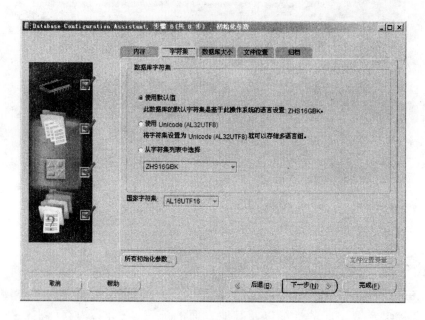

图 3-9　字符集参数

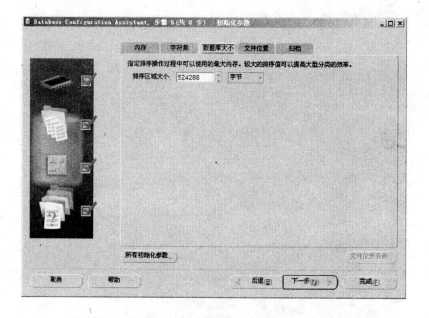

图 3-10　数据库大小参数

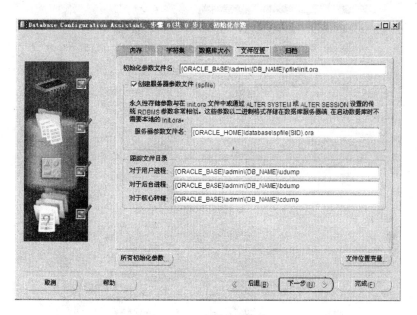

图 3 – 11　文件位置参数

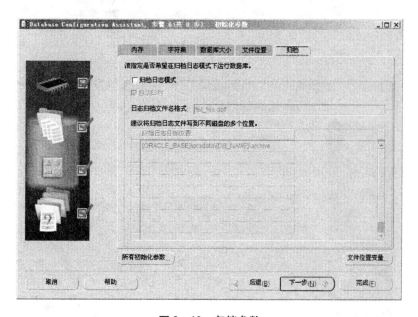

图 3 – 12　归档参数

　　(8)在创建选项界面(图 3 - 14),将"创建数据库"和"另存为数据库模板"两个选项都选上,同时"名称"中填入模板文件名称,比如 ecdb2_creating. sql。前者表示创建数据库,后者则将数据库创建脚本保存起来备用。点击完成,会显示 ecdb2_creating. sql 模板的概要信息,如图 3 - 15 所示,用户查看完毕之后点击"确定",稍后会弹出一个对话框提示 ecdb2_creating. sql 模板创建完毕,点击该对话框的"确定"按钮,即可开始创建数据库,

图 3-13　所有初始化参数信息

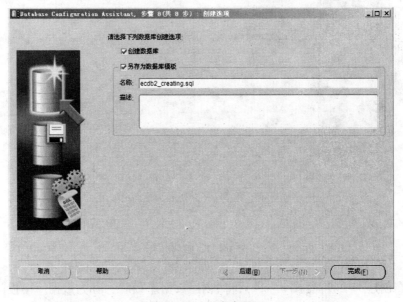

图 3-14　创建选项

用户可以观察数据库的创建进度(如图 3-16)。

(9)数据库创建完毕之后会弹出口令更改界面(图 3-17),用户输入新的 sys 和 system 用户的密码,点击"退出",最终完成并退出数据库的创建设置向导。

图 3-15 模板概要信息

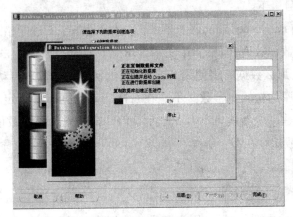

图 3-16 创建进度

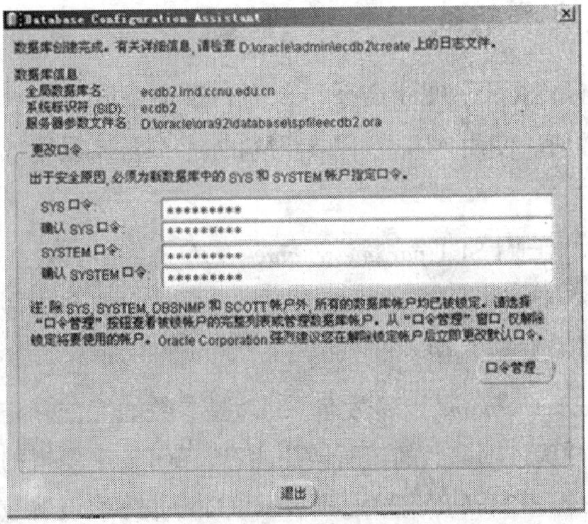

图 3-17 更改口令

3.2　设置数据库的初始化参数

3.2.1　参数配置文件

Oracle 数据库的参数配置文件包括 PFILE 和 SPFILE 两种文件,这两种文件的用途存在一定差别。PFILE(Parameter File,参数文件)文件是基于文本格式的参数文件,含有数据库的配置参数,可以使用文本编辑器打开 pfile 进行修改和配置。PFILE 里的参数保存格式使用"键 = 值"形式来表示,比如 INSTANCE_NAME = ecdb3。Oracle 在安装时为每个数据库建立了一个 pfile,它在创建数据库时可以用来指定数据库的相关配置。但是如果需要让 PFILE 里的参数在启动数据库时生效,须使用 startup PFILE = D:\Oracle\admin\ecdb3\pfile\init. ora 的形式来显式指定初始化参数文件。PFILE 一般保存在 D:\Oracle\admin\ecdb3\pfile 目录下。

SPFILE(Server Parameter File,服务器参数文件)是基于二进制格式的参数文件,含有数据库及实例的参数和数值,但不能用文本编辑工具打开。如果用户在启动数据库时没有显式指定 PFILE,那么数据库将使用 SPFILE 里的初始化参数来启动数据库。但是如果用户需要更改数据库的初始化参数又不想在每次启动数据库时指定 PFILE,那么用户可以通过 PFILE 来创建一个新的 SPFILE 从而使 PFILE 里更改的参数值保存到 SPFILE 里去,SPFILE 文件一般保存在 D:\Oracle\ora92\database 目录下,更改命令为:

```
SQL > create spfile ='D:\Oracle\ora92\database\spfileecdb3. ora'
FROM pfile =' D:\Oracle\admin\ecdb3\pfile\init. ora';
```

注意用户须以 sys 或者 system 用户登录才能创建 SPFILE 文件。

3.2.2　动态更改参数值

我们可以使用 ALTER SYSTEM 命令在 SQL Plus 命令行下在不关闭数据库的前提下动态更改初始化参数值。使用 ALTER SYSTEM 的 set 表达式设置或更改初始化参数值的格式如下:

```
SQL > ALTER SYSTEM SET parametername = value
COMMENT = 'comment'
SCOPE = MEMORY | SPFILE | BOTH;
```

在上述命令中 parametername 指参数名,value 是参数的值,这都需要用户自己来指定;COMMENT 选项是用户为该项参数的值所做的注释;SCOPE 选项指的是该项参数设置或更改生效的范围。如果是 MEMEORY 选项,则表示该项参数本次设置或更改指在本次启动中生效,一旦数据库重启,该项参数的本次设置或更改就失效,参数的值回到更改之前的值;如果是 SPFILE 选项,表示本次设置或更改被保存在 spfile 文件里,数据库只有重启才能使参数设置或更改的值生效,以后数据库重启也是使用更改后的新参数值;如果 BOTH 选项,则既使参数的新值立即生效也将新值保存到 spfile 里,以后数据库重启都使用的是新值。下文就是一个使用 ALTER SYSTEM 的 set 命令来更改初始化参数的例子:

```
SQL > ALTER SYSTEM SET JOB_QUEUE_PROCESSES = 50
COMMENT = 'temporary change on Nov 29'
SCOPE = MEMORY;
```

注意,只有 SYS 用户或其他 DBA 具有该权限,如果用户需要动态更改初始化参数的值,须以 SYS 或其他 DBA 用户登录系统。

3.2.3 初始化参数说明

Oracle 9i 具有 257 个初始化参数,但是其中常用的只有 20 个左右,下面挑选最常用参数予以说明:

(1)SGA_MAX_SIZE

说明:指定实例存活期间所占用的系统全局区的最大大小。

值范围:0 到各操作系统所允许的最大值。

默认值:如果未指定值,SGA_MAX_SIZE 的默认值将与启动时 SGA 的最初大小(比如说 X)相同。该大小取决于 SGA 中各种池的大小,如缓冲区高速缓存,共享池,大型池等。如果指定的值小于 X,则所使用的 SGA_MAX_SIZE 的值将为 X。也就是说,它是 X 与用户指定的 SGA_MAX_SIZE 值两者之间的较大值。

(2)SHARED_POOL_SIZE

说明:以字节(Byte)为单位,指定共享池的大小。共享池在内存中缓存了共享游标,存储过程,控制结构和并行执行消息缓冲区等对象。较大的值能极大提高多用户系统的性能。

值范围:300k 以上。

默认值:如果是 64 位操作系统,值为 64M;其他情况下,值为 16M。

(3)DB_CACHE_SIZE

说明:该参数为高速缓存指定标准块大小的缓冲区,用来设置缓存查询数据内存的大小。一般来说,用户查询数据库时,数据库首先从缓存查找是否有用户所需数据,如果没有才会查找硬盘上的数据文件。高速缓存能够极大提高数据库的查询速度。

值范围:至少 16M。

默认值:48M。

(4)JAVA_POOL_SIZE

说明:以字节为单位,指定 Java 存储池的大小,它用于存储 Java 的方法和类定义在共享内存中的表示法及在调用结束时移植到 Java 会话空间的 Java 对象。该参数对于构建在 Oracle 数据库上的 Java 应用具有显著意义,如果不是 Java 应用,则该参数没有意义。

值范围：根据操作系统而定。

默认值：根据操作系统而定。

（5）LARGE_POOL_SIZE

说明：指定大型池的分配堆的大小，它可被共享服务器用作会话内存，并行执行的消息缓冲区以及恢复管理工具 RMAN 备份和恢复的磁盘 I/O 缓冲区。

值范围：600k（最小值）；≥20000M（最大值是根据操作系统而定的）。

默认值：0。

（6）PGA_AGGREGATE_TARGET

说明：指定连接到实例的所有服务器进程的目标 PGA 总内存。请在启用自动设置工作区之前将此参数设置为一个正数。这部分内存不包含在 SGA 中。数据库将此参数值用作它所使用的目标 PGA 内存量。设置此参数时，要将 SGA 从可用于 Oracle 实例的系统内存总量中减去。然后可将剩余内存量分配给参数 PGA_AGGREGATE_TARGET。

值范围：整数加字母 k，M 或 G，以将此限值指定为千字节，兆字节或吉字节。最小值为 10M，最大值为 4000G。

默认值："未指定"，表示完全禁用对工作区的自动优化。当使用 DBCA 创建数据库，如果安装计算机的物理内存为 1G，那么该值缺省被赋为 24M。

（7）SORT_AREA_SIZE

说明：SORT_AREA_SIZE 以字节为单位，指定排序所使用的最大内存量。排序完成后，各行将返回，并且将内存释放。增大该值可以提高大型排序的效率。如果超过了设定内存量，将使用临时磁盘段。

值范围：相当于 6 个数据库块（block）的值（最小值）到操作系统确定的值（最大值）。

默认值：根据操作系统而定。

（8）DB_BLOCK_SIZE

说明：一个 Oracle 数据库块的大小（字节）。该值在创建数据库时设置，而且此后无法更改。

值范围：1024 ~ 65536Bytes（根据操作系统而定）。

默认值：8192。

（8）SPFILE

说明：指定当前使用的服务器参数文件的名称。

值范围：静态参数。

默认值：SPFILE 参数可在客户端 PFILE 中定义，以指明要使用的服务器参数文件的名称。服务器使用默认服务器参数文件时，SPFILE 的值要由服务器在内部设置。一般指定为% ORACLE_HOME% \DATABASE\SPFILE% ORACLE_SID%. ORA，转换为具体数据库的地址为 D:\Oracle\ora92\database\spfile\spfileecdb3. ora。

（9）LOG_ARCHIVE_START

说明：只在数据库处于"归档日志"模式的情况下适用。它指定重做日志是自动还是手动复制。建议值 TRUE,即执行自动归档;否则就需要手动干预,使用 ALTER SYSTEM ARCHIVE LOG . . . 命令来阻止实例挂起。

值范围:TRUE/FALSE。

默认值:FALSE。

(10)LOG_ARCHIVE_FORMAT

说明:该参数只在数据库处于"归档日志"模式的情况下有用。文本字符串与变量 %s(日志序列号)和 %t(线程号)结合使用,用于指定各归档重做日志文件的唯一文件名。比如 ARC%S%T. dbf。

(11)LOG_ARCHIVE_DEST

说明:归档日志的保存目标位置目录,只有当 LOG_ARCHIVE_START 设为 TRUE 的时候才有效。

默认值:% ORACLE_BASE% \oradata\% DB_NAME% \archive。

(12)CURSOR_SHARING

说明:控制可以终止共享相同的共享游标的 SQL 语句类型。

值范围:EXACT:只有完全相同的 SQL 语句共享一个游标;SIMILAR:相似的 SQL 语句也可以共享一个游标。推荐使用 SIMILAR。

默认值:EXACT。

(13)OPEN_CURSORS

说明:指定一个会话一次可以打开的游标(环境区域)的最大数量,并且限制 PL/SQL 使用的 PL/SQL 游标高速缓存的大小,以避免用户再次执行语句时重新进行语法分析。请将该值设置得足够高,这样才能防止应用程序耗尽打开的游标。

值范围:1 ~ 操作系统限制值。建议至少 150 以上。

默认值:64。

(14)BACKGROUND_DUMP_DEST

说明:指定在 Oracle 操作过程中为后台进程(LGWR,DBWR 等等)写入跟踪文件的路径名(目录或磁盘)。它还定义记录着重要事件和消息的数据库预警文件的位置。

值范围:任何有效的目录名。

默认值:% ORACLE_HOME% \admin \% DB_NAME% \bdump,比如 D:\Oracle \admin \ecdb3 \bdump。

(15)CORE_DUMP_DEST

说明:指定核心转储位置的目录名(用于 UNIX)。

值范围:任何有效的目录名。

默认值:% ORACLE_HOME% \admin\% DB_NAME% \cdump,比如 D:\Oracle\admin\ecdb3 \cdump。

(16)USER_DUMP_DEST

说明:为服务器将以一个用户进程身份在其中写入调试跟踪文件的目录指定路径名。

值范围:一个有效的本地路径名,目录或磁盘。

默认值:%ORACLE_HOME% \admin \%DB_NAME% \udump,比如 D:\Oracle\admin\ecdb3\udump。

(17)CONTROL_FILES

说明:指定一个或多个控制文件名。Oracle 建议对于不同设备或 OS 文件镜象使用多个文件。

值范围:1~8 文件名(带路径名)。

默认值:根据操作系统而定。

例如:CONTROL_FILES = ("D:\Oracle\oradata\ecdb3\control01.ctl",

"D:\Oracle\oradata\ecdb3\control02.ctl",

"D:\Oracle\oradata\ecdb3\control03.ctl")

(18)TIMED_STATISTICS

说明:收集操作系统的计时信息,这些信息可被用来优化数据库和 SQL 语句。要防止因从操作系统请求时间而引起的开销,请将该值设置为 0。将该值设置为 TRUE 对于查看长时间操作的进度也很有用。

值范围:TRUE/FALSE。

默认值:TRUE。

(19)COMPATIBLE

说明:允许您使用一个新的发行版,同时保证与先前版本的向后兼容性。

值范围:默认为当前发行版,比如 9.20。

默认值:由发行版确定。

(20)DB_NAME

说明:一个数据库标识符,应与 CREATE DATABASE 语句中指定的名称相对应。

值范围:任何有效名称最多可有 8 个字符。

默认值:无(应指定,比如,ecdb3)。

(21)DB_DOMAIN

说明:指定数据库名的扩展名(例如,US.ORACLE.COM)为使一个域中创建的数据库名唯一,建议指定该值。

值范围:由句点分隔的任何字符串,最长可以有 128 个字符。比如imd.ccnu.edu.cn。

默认值:WORLD。

(21)REMOTE_LOGIN_PASSWORDFILE

说明:指定操作系统或一个文件是否检查具有权限的用户的口令。如果设置为NONE,Oracle 将忽略口令文件。如果设置为 EXCLUSIVE,将使用数据库的口令文件对每个具有权限的用户进行验证。如果设置为 SHARED,多个数据库将共享 SYS 口令文件用户。

值范围：NONE/SHARED/EXCLUSIVE。

默认值：NONE。

(22) INSTANCE_NAME

说明：在多个实例使用相同服务名的情况下，用来唯一地标识一个数据库实例。INSTANCE_NAME 不应与 SID 混淆，它实际上是对在一台主机上共享内存的各个实例的唯一标识。

值范围：任何字母数字字符。

默认值：数据库的 SID。

(23) PROCESSES

说明：指定可同时连接到一个 Oracle Server 上的操作系统用户进程的最大数量。该值应允许执行所有后台进程，如：作业队列(SNP)进程和并行执行(Pnnn)进程。

值范围：6 到根据操作系统而定的一个值，推荐 150 以上。

(24) UNDO_MANAGEMENT

说明：指定系统应使用哪种撤销空间管理模式。如果设置为 AUTO，实例将以 SMU 模式启动。否则将以 RBU 模式启动。在 RBU 模式下，撤销空间会像回退段一样在外部分配。在 SMU 模式下，撤销空间会像撤销表空间一样在外部分配。

值范围：AUTO/MANUAL。

默认值：如果启动第一个实例时忽略了 UNDO_MANAGEMENT 参数，则将使用默认值 MANUAL，并且实例将以 RBU 模式启动。如果这不是第一个实例，则将按其他现有实例启动时使用的撤销模式来启动该实例。

(25) UNDO_TABLESPACE

说明：撤销表空间仅用于存储撤销信息。UNDO_TABLESPACE 仅允许在系统管理撤销(SMU)模式下使用。实例将使用指定的撤销表空间，< undoname >。如果该表空间不存在，或不是撤销表空间，或正在由另一实例使用，则实例 STARTUP 将失败。

默认值：每个数据库都包含 0 个或更多的撤销表空间。在 SMU 模式下，将为每个 Oracle 实例分配一个(且仅限一个)撤销表空间。

3.3 启动和关闭数据库

3.3.1 启动数据库

对于大多数 Oracle DBA 来说，启动和关闭 Oracle 数据库最常用的方式就是在命令行方式下的服务管理器(Server Manager)。从 Oracle 8i 以后，系统将服务管理器的所有功能都集中到 SQL Plus 中，也就是说从 8i 以后对于数据库的启动和关闭可以直接通过 SQL Plus 来完成，而不再另外需要服务管理器。也可通过图形用户工具(GUI)的 Oracle Enterprise Manager 来完成系统的启动和关闭。除此之外，我们还可以通过恢复管理工具

RMAN 来启动和关闭数据库。本书中主要以在 SQL Plus 工具中使用 Startup 和 Shutdown 命令为例来讲解数据库的启动和关闭。

要启动和关闭数据库,必须要以具有 Oracle 管理员权限的用户登陆,通常也就是以具有 SYSDBA 权限的用户登陆。启动一个数据库需要 3 个步骤:(1)创建一个 Oracle 实例(非安装阶段);(2)由实例安装数据库(安装阶段);(3)打开数据库(打开阶段)。

当启动数据库时,数据库必须读取初始化参数文件。要么从服务器参数文件中读取,要么从文本初始化文件中读取。当使用 Startup 命令来启动服务器时,如果不指定 pfile,那么将缺省从 spfile 中读取初始化参数。在 Windows 平台下,该文件一般在 %ORACLE_HOME%/database 目录下。将%ORACLE_HOME%替换成真实目录,在本书中是 D:\Oracle\ora92。Oracle 将按照下列顺序来查找相应的 SPFILE 文件:

A. spfile < SID > . ora

B. spfile. ora

C. init < SID > . ora

将上述的 <SID> 替换成相应的数据库名。比如对于数据库 ecdb,那么如果通过 Startup 命令启动数据库,但又没有指定 pfile,数据库将首先从 D:\Oracle\ora92\database 目录下查找 spfileecdb. ora 文件;如果找不到该文件,就查找 spfile. ora 文件;如果还查找不到,就查找 initecdb. ora 文件。一旦找到其中一种文件,就可以读出里面的初始化参数文件来启动数据库。

在 Startup 命令中,可以通过不同的选项来控制数据库的不同启动步骤,注意在实际操作下面各项命令时,用户首先要以 sys 等具有 DBA 权限的账号登录 SQL Plus。

3.3.1.1　STARTUP NOMOUNT

NONOUNT 选项仅仅创建一个 Oracle 实例。读取初始化参数文件、启动后台进程、初始化系统全局区(SGA)。初始化参数文件定义了实例的配置,包括内存结构的大小和启动后台进程的数量和类型等。实例名根据 Oracle_SID 设置,不一定要与打开的数据库名称相同。当实例打开后,系统将显示一个 SGA 内存结构和大小的列表,如下所示:

```
SQL > startup nomount
Oracle 实例已经启动。
Total System Global Area        135 338 868 bytes
Fixed Size                          453 492 bytes
Variable Size                   109 051 904 bytes
Database Buffers                 25 165 824 bytes
Redo Buffers                        667 648 bytes
```

看到上述输出只说明实例已经创建,但是数据库没有安装(Mount)和打开(Open)。这时必须运行下面的两条命令,数据库才能正确启动:

```
ALTER DATABASE MOUNT;
ALTER DATABASE OPEN。
```

运行这两条命令,系统会分别提示:"数据库转载完毕"和"数据库已经打开"。

3. 3. 1. 2　STARTUP MOUNT

该命令创建实例并且安装数据库,但没有打开数据库。Oracle 系统读取控制文件中关于数据文件和重作日志文件的内容,但并不打开该文件。这种打开方式常在数据库维护操作中使用,如对数据文件的更名、改变重作日志以及打开归档方式等。在这种打开方式下,除了可以看到 SGA 系统列表以外,系统还会给出"数据库装载完毕"的提示,如下文所示:

```
SQL > startup pfile = ′D:\oracle\admin\ecdb\pfile\init. ora′
Oracle 实例已经启动。
Total System Global Area        135 338 868 bytes
Fixed Size                          453 492 bytes
Variable Size                   109 051 904 bytes
Database Buffers                 25 165 824 bytes
Redo Buffers                        667 648 bytes
数据库装载完毕。
```

这时数据库仍然不能被访问,还需要运行下面一条命令即可以打开数据库:
ALTER DATABASE OPEN。

这时系统会给出"数据库已经打开"的提示。

3. 3. 1. 3　STARTUP

该命令完成创建实例、安装实例和打开数据库的所有 3 个步骤。此时数据库指示数据文件和重作日志文件在线,通常还会请求一个或者多个回滚段。这时系统除了可以看到前面 Startup Mount 方式下的所有提示外,还会给出一个"数据库已经打开"的提示。此时,数据库系统处于正常工作状态,可以接受用户请求。我们在使用 Startup 方式启动数据库时,还可以为其指定 PFILE。

```
SQL > startup pfile = ′D:\oracle\admin\ecdb\pfile\init. ora′
Oracle 实例已经启动。
Total System Global Area        135 338 868 bytes
Fixed Size                          453 492 bytes
Variable Size                   109 051 904 bytes
Database Buffers                 25 165 824 bytes
Redo Buffers                        667 648 bytes
数据库装载完毕。
数据库已经打开。
```

如果不指定 PFILE,Oracle 会按照前文所述步骤去寻找 SPFILE 文件。

3.3.1.4 其他打开方式

除了前面介绍的 3 种数据库打开方式选项外,还有另外其他的一些选项。

(1)STARTUP RESTRICT

这种方式下,数据库将被成功打开,但仅允许一些特权用户(例如 DBA)才可以使用数据库。这种方式常用来对数据库进行维护,如数据的导入/导出操作时不希望有其他用户连接到数据库操作数据。

(2)STARTUP FORCE

该命令其实是强行关闭数据库(Shutdown abort)和启动数据库(Startup)两条命令的一个综合。该命令仅在关闭数据库遇到问题不能关闭数据库时采用。

(3)ALTER DATABASE OPEN READ ONLY

该命令在创建实例以及安装数据库后,以只读方式打开数据库。对于那些仅提供查询功能的产品数据库可以采用这种方式打开。

3.3.2 关闭数据库

可以使用 SQL Plus 的 Shutdown 命令来关闭数据库。同样,用户必须具有 DBA 权限且以 SYSDBA 或者 SYSOPER 的身份登录 SQL Plus,才能关闭数据库。一旦输入该命令回车之后,用户是不能连接数据库了,除非关闭命令执行完毕。Oracle 数据库的关闭分为 4 种模式,NORMAL 选项、IMMEDIATE 选项、TRANSACTIONAL 选项和 ABORT 选项关闭。

(1)NORMAL 选项

正常关闭数据库所用的选项是 NORMAL,数据库在关闭前将检查所有的连接,并且发出命令后不允许再有新的用户连接,在等待所有连接都断开后再关闭数据库。再次启动数据库不需要任何恢复过程。NORMAL 选项的关闭过程如下文所示:

```
SQL > shutdown normal;
数据库已经关闭。
已经卸载数据库。
ORACLE 实例已经关闭。
```

(2)IMMEDIATE 选项

该方式用在某些紧急的情况下,比如通知马上停电,基于该数据库的应用程序出现了非正常现象须马上关闭数据库等,此时需要紧急关闭数据库以应付这些情况。这种方式用的选项是 IMMEDIATE,在这种方式下并不等待所有的用户断开连接再关闭,而是由系统断开连接,然后关闭数据库,这点与 NORMAL 选项关闭数据库有很大不同。

```
SQL > shutdown immediate;
数据库已经关闭。
已经卸载数据库。
ORACLE 实例已经关闭。
```

一旦执行了这条命令,用户就不能发起和数据库新的连接;当前正在处理的 SQL 语句则马上停止,然后将所有未提交的事务回退,并且不等待当前联入数据库的用户断开连接,而是由系统强行将各个连接断开。在下次启动数据库时要系统执行恢复动作。

(3) TRANSACTIONAL 选项

命令格式如下:

> SQL > shutdown transactional;

一旦使用 TRANSACTIONAL 选项关闭数据库,所有新的连接都不能连上数据库,所有新的事务都不能开始;当所有现存事务完成(提交或回滚)之后,所有数据库连接将被关闭;从这点开始,以后的关闭行为和 IMMEDIATE 选项相同。

(4) ABORT 选项

异常关闭选项是 ABORT,此种方式下系统并不做任何检查和断开用户操作以及回滚操作,而是直接将数据库现场撤销,即使选存事务没有完成或回滚,数据库也会强行断开与数据库的连接。这种操作风险非常高,会损害数据完整性。因此不到万不得已时,不要使用该方式关闭数据库,只有因为数据库本身原因或基于数据库的各种应用的原因导致数据库无法使用其他 3 种方式关闭时,才使用 ABORT 选项来关闭数据库。

> SQL > shutdown abort;
> ORACLE 实例已经关闭

以 ABORT 方式关闭数据库时只有一行关闭信息表示关闭了数据库现场。以 ABORT 方式关闭的数据库再次启动时必须要进行恢复,这些恢复操作同样是系统自动来完成的,需要的时间较长。使用 ABORT 关闭数据库之后,须使用如下方式来启动数据库。

首先以 MOUNT 方式启动数据库:

> SQL > startup mount;
> ORACLE 实例已经启动。
> Total System Global Area   135 338 868bytes
> Fixed Size   453 492bytes
> Variable Size   109 051 904bytes
> Database Buffers   25 165 824bytes
> Redo Buffers   667 648bytes
> 数据库装载完毕。

其次对数据库进行手工的介质恢复:

> SQL > recover database;
> 完成介质恢复。
> 打开数据库:
> SQL > alter database open;
> 数据库已更改。

练习题

1. 简述参数配置文件的种类以及各自的作用。
2. 描述常用参数的功能及配置方法。

上机实习

1. 按照本章介绍的过程，使用 DBCA 创建数据库。
2. 熟练掌握各种数据库启动和关闭方法。

创建数据表及表的相互关系

【本章要点】

- 表的基本概念
- 创建表
- 修改表的结构
- 查看表信息
- 数据表操作
- 建立表的相互关系

【学习要求】

- 掌握数据库表的各种创建方式
- 掌握表的修改方法
- 掌握表之间关系的创建方法

4.1 数据表概述

表是数据库最基本的对象,用于存储实际数据,许多其他的数据库对象,如索引和视图都是以表为基础的。对于关系数据库而言,所有的操作最终都是针对表实现的。理解表的概念,掌握设计和使用表的方法,是学习数据库的重要内容。

4.1.1 表的基本概念

表是数据库存储数据的基本单元,它对应于现实世界中的事物(如商品、订单等)。在进行数据库设计时,首先需要将现实世界的事物及其联系抽象成实体—关系(E-R),然后再将 E-R 图转换成数据库对象,这样实体和关系最终将会被转换成表。

表的逻辑结构是一张二维表,即由行和列构成。一行称为一条记录,表示一个实体。如商品信息表中的一条记录表示一种商品的信息。一个列用于描述实体的一个属性,如商品表中有商品编号、商品名称、单价、生产厂家等。表按列进行定义,至少应该有一列。

每个列可以包括列名、数据类型、长度、约束条件、默认值等属性,其中列名和数据类型必选;数据长度根据具体类型确定;其他可选。

4.1.2 表和列的命名规则

创建一个表时,必须给表赋予一个名称,同时,表中的每个列也必须赋予一个名称。对表和列的命名须遵循以下规则:

- 必须以字母开头;
- 允许包含字母、数字、下划线(_)、井号(#)和美元符号($);
- 禁止使用系统关键字,如 TABLE 或 VARCHAR2 等;
- 每个表中的列名称在该表内不能重复;
- 长度在 30 个字节以内。
- 在同一名称空间内,不能出现相同的名称。

同一用户下的表、视图、序列和专用同义词不能重名。例如,如果有一个名为 PRODUCTS 的表,就不能有名为 PRODUCTS 的视图,但可以创建一个名为 PRODUCTS 的索引和一个名为 PRODUCTS 的约束。因为表和视图共用一个名称空间,但表、索引和约束拥有各自的名称。

4.1.3 数据类型

Oracle 提供了种类繁多的数据类型,便于存储各种不同类型的数据。在我们定义表的列时,为其指定一种合适的数据类型,不仅能够实现数据的存储和检索,还能节省空间。

Oracle 共提供了 16 种数据类型,如表 4-1 所示。

表 4-1 Oracle 中的数据类型

数据类型	描述
CHAR	用于描述定长的字符型数据,最大长度为 2000 字节
VARCHAR2	用于描述变长的字符型数据,最大长度为 4000 字节
NCHAR	用于存储 Unicode 字符集的定长字符型数据,最大长度为 1000 字节
NVARCHAR2	用于存储 Unicode 字符集的变长字符型数据,最大长度为 1000 字节
NUMBER	用于存储整型或浮点型数
DATE	用于存储日期数据
LONG	用于存储变长字符数据,最大长度为 2GB
ROW	用于存储非结构化数据的变长字符数据,最大长度为 2000 字节
LONG ROW	用于存储非结构化的变长字符数据,最大长度为 2GB
ROWID	用于存储表中列的物理地址的二进制数据,长度为 10 个字节

数据类型	描 述
BLOB	用于存储非结构化的二进制数据,最大长度为4GB
CLOB	用于存储字符数据,最大长度为4GB
NCLOB	用于存储 Unicode 字符数据,最大长度为4GB
BFILE	用于把非结构化的二进制数据存储在数据库以外的操作系统文件中
UROWID	用于存储表示任何类型列地址的二进制数据
FLOAT	用于存储浮点数

4.2　创建表

用户要想在自己的方案中创建表,需要有 CREATE TABLE 系统权限。要想在其他用户的方案中创建新表,则用户需要有 CREATE ANY TABLE 系统权限。另外,表的拥有者还必须具有包含该表的表空间限额或 UNLIMITED TABLE SPACE 系统权限,这样才有足够的存储空间来保存表数据。

4.2.1　PRODUCTS 数据表描述

下面以 C2C 电子商城中的商品表(PRODUCTS)为例说明表的创建过程。PRODUCTS 表的结构如表 4 – 2 所示。

表 4 – 2　PRODUCTS 数据表结构

字段名	字段代码	数据类型	长　度
商品编号	productid	NUMBER	10
商品类型	categoryid	NUMBER	10
商品名称	productname	VARCHAR2)	32
单价	price	FLOAT	
库存量	quantity	FLOAT	
所在地	address	VARCHAR2	64
运送费用	fee	FLOAT	
商品图片	picture	VARCHAR2	32
上架时间	sale_begin	DATE	
结束时间	sale_end	DATE	
商品描述	description	VARCHAR2	512

续　表

字段名	字段代码	数据类型	长　度
商品状态	status	CHAR	1
有无保修	repair	CHAR	1
付款方式	payment	CHAR	1

4.2.2　创建表

4.2.2.1　通过企业管理器创建表

点击"开始"→"程序"→"Oracle – OraHome92"→"Enterprise Manager Console",然后按照第 2 章图 2 – 17 所示方法输入 sys 用户及其口令,就可以打开"Oracle 企业管理器控制台",密码是安装数据库时设置的,然后打开 SCOTT 方案。下面通过创建 PRODUCTS 表,来演示创建表的完整过程。

(1)打开 SCOTT 方案,右键单击"表"项目,在弹出的快捷菜单中选择"创建 . . ."菜单项,如图 4 –1 所示。

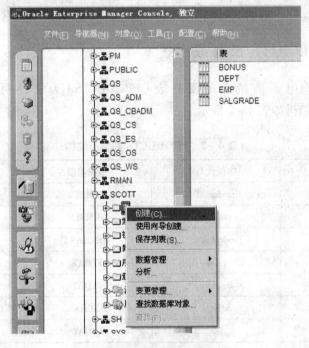

图 4 –1　选择创建表菜单项

(2)在打开窗口中的"一般信息"标签中输入所需信息,在名称中输入表名 PRODUCTS,将表空间下拉框中选择"USERS";然后在列表中输入所需要创建的列,包括输入列名、在数据类型的下拉框中选择特定的数据类型,根据不同的数据类型,如有必要还要设置数据类型的长度;对于必须有值的字段可以选择可否为空,即去掉"√";其他选项缺省即可,如图4-2所示。

图4-2 创建表的列

(3)打开如图4-3所示的"约束条件"标签,在这个页中的名称中输入主键名"pk_products",在类型下拉框中选择"PRIMARY",然后在表列栏的下拉框中选择"productid"字段。

图4-3 创建表的主键

（4）然后点击"创建"按钮完成表的创建。

（5）创建的 PRODUCTS 表显示在企业管理器中，如图 4－4 所示。

图 4－4　查看表 SCOTT. PRODUCTS

4.2.2.2　使用 SQL 语句创建表

（1）表创建的 SQL 语法

CREATE TABLE[schema.]table_name(column datatype[DEFAULT expr][,…]);

其中[]里的内容表示可选项，[schema.]表示可以指定表所在的方案（一般指用户），[DEFAULT expr]可以制定字段的缺省值；小写 table_name 指表名，column 指字段名，datatype 指数据类型。另外还可以在创建表的时候一起创建表的约束，比如主键、外键等。

创建 PRODUCTS 表的 SQL 语句如下：

```
CREATE TABLE products(
    productid              NUMBER(10) not null,
    categoryid             NUMBER(10),
    productname            VARCHAR2(32),
    price                  FLOAT,
    quantity               FLOAT,
    address                VARCHAR2(64),
    fee                    FLOAT,
    picture                VARCHAR2(32),
    sale_begin             DATE,
    sale_end               DATE,
```

```
        descriptionVARCHAR2(512),
        statusCHAR(1),
        repairCHAR(1),
        paymentCHAR(1),
CONSTRAINT PK_PRODUCTS PRIMARY KEY(productid)
);
```

(2)打开 SQL Plus 工具，点击在"开始"→"程序"→"Oracle - OraHome92"→"Application Development"→"SQL Plus"，在登录窗口中输入用户名(scott)、密码(tiger)以及主机字符串(ecdb)，如图 4 - 5 所示。

图 4 -5　在 SQL Plus 中创建表 SCOTT. PRODUCTS

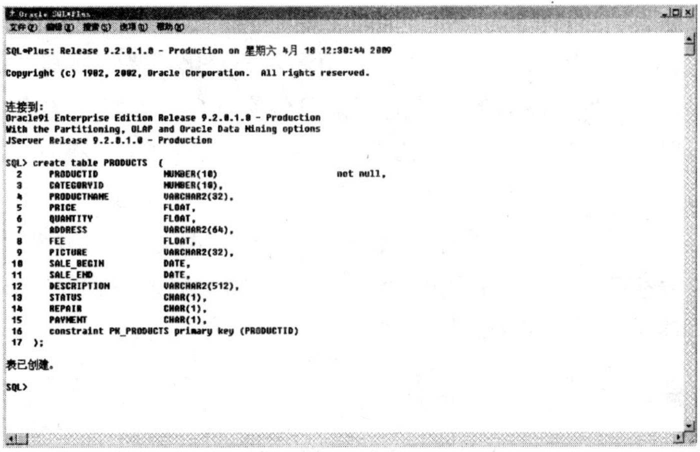

图 4 -6　在 SQL Plus 里通过 SQL 创建表

（3）点击确定之后进入 SQL Plus,然后将上述 PRODUCTS 的创建代码拷贝进去,回车,如果显示表已创建,则表示创建成功,如图 4 - 6 所示。注意在使用本方法创建 PRODUCTS 之前,一定要保证 SCOTT 方案下没有相同名字的表或视图;如果通过前文中的企业管理器方法已创建 PRODUCTS 表,要删除该表之后才能再次创建。

（4）创建完毕之后,可以通过 DESC 命令查看表结构,比如 DESC PRODUCTS,显示结果如下:

```
SQL > desc products;
名称                    是否为空?              类型
-----------------       ------------          ----------------------
PRODUCTID              NOT NULL             NUMBER(10)
CATEGORYID                                 NUMBER(10)
PRODUCTNAME                                VARCHAR2(32)
PRICE                                      FLOAT(126)
QUANTITY                                   FLOAT(126)
ADDRESS                                    VARCHAR2(64)
FEE                                        FLOAT(126)
PICTURE                                    VARCHAR2(32)
SALE_BEGIN                                 DATE
SALE_END                                   DATE
DESCRIPTION                               VARCHAR2(512)
STATUS                                     CHAR(1)
REPAIR                                     CHAR(1)
PAYMENT                                    CHAR(1)
```

4.3　修改表结构

表在创建后可能因为设计的错误或者应用环境的变化需要修改其表结构,如增加或删除列、修改列及对表重新命名等。普通用户只能修改自己方案中的表,要修改其他方案中的表则必须拥有 ALTER ANY TABLE 系统权限。

通常基于以下的原因,需要修改 Oracle 数据库中的表。

增加或删除列;修改现有列的定义,包括数据类型、长度、默认值等;重新命名表;重新组织表,如将表移动到一个新的数据段或表空间;增加、修改或删除与表相关的约束条件;以及启动或停用与表相关的约束条件或触发器。

4.3.1　增加列

为了在表中存储实体的一个新属性,必须在表中增加新的列。比如在 PRODUCTS 表中增加一个新列:生产商名字,字段名为 SUPPLIER,类型为 VARCHAR2,长度为 64。

4.3.1.1 使用企业管理器(OEM)增加列

(1)打开 OEM,进入 SCOTT 方案,右键单击"PRODUCTS"表项,在快捷菜单中选择"查看/编辑详细资料...",如图 4-7 所示。

图 4-7　选择修改数据表结构

(2)打开 PRODUCTS 表的编辑界面,在列表最下面的空白行里增加"SUPPLIER"列,如图 4-8 所示。

图 4-8　在 PRODUCTS 表的"一般信息"标签增加"SUPPLIER"列

(3)点击"确定"按钮即可。

4.3.1.2 使用 SQL Plus 增加列

增加列的语法如下:

ALTER TABLE[schema.]table_name ADD(column_definition) ;

其中,schema 表示方案名,column_definition 表示列的定义,包括列名、数据类型及默认值。

在 SQL Plus 中执行该代码完成列的添加,如下所示。

> SQL > ALTER TABLE products ADD(supplier VARCHAR2(64)) ;
>
> Table altered

增加的列位于表的最后,对于已有的记录而言,新增列的值为 NULL(无值)。

4.3.2 删除列

当不再需要某些列时,应该将其删除。在操作时需要注意括号内可以包括多个列名,之间用逗号分隔;当列被删除后,相关列的索引和约束也将被删除;如果删除的列是一个多列约束的组成部分,那么只有在指定 CASCADE CONSTRAINTS 选项的情况下,才能删除相关的约束。

4.3.2.1 使用企业管理器(OEM)删除列

(1)按照第 4.3.1.1 节所示方法打开 PRODUCTS 表的编辑界面,supplier 列,按"删除列"按钮,如图 4-9 所示。

图 4-9 选择删除 SUPPLIER 列

(2)出现如图 4-10 所示的界面,然后在可用列中选择需要删除的列 supplier,然后点击中间向右箭头的按钮(注意,如果要删除多列,就点击向右的双箭头);那么需要删除的列 supplier 就会出现在已选列中,然后选择"删除已选的列",点击确定按钮,就会删除所选列。

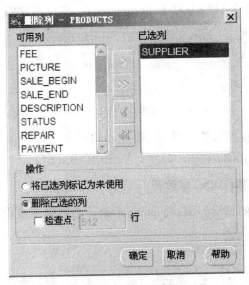

图 4 - 10 选择删除方式

当选择将列标记成未使用状态时,不会删除列数据和恢复这些列所占据的磁盘空间,但这些列在查询中或数据字典视图中将不会显示,因为它的名称被删除了。原名称可重新使用。所有定义在该列上的约束、索引和统计数据被删除。

4.3.2.2 使用 SQL Plus 删除列

(1)删除列的语法如下:

ALTER TABLE[schema.]table_name

DROP(column_names)[CASCADE CONSTRAINTS];

(2)在 SQL Plus 中输入 ALTER TABLE PRODUCTS DROP(supplier),执行结果如下:

SQL > ALTER TABLE products DROP(supplier);

Table altered

如果删除的列是一个多列约束的组成部分,那么只有在指定 CASCADE CONSTRAINTS 选项的情况下,才能删除相关的约束。

(3)还可以将列标记为未使用,语法如下:

ALTER TABEL[SCHEMA.]table_name

SET UNUSED(column_names)[CASCADE CONSTRAINTS];

比如将 SUPPLIER 列设为未使用的执行结果如下:

SQL > ALTER TABLE products SET UNUSED(supplier);

Table altered

表中被标记为 UNUSED 状态的列还可以再删除,语法是:

ALTER TABLE[schema.]table_name DROP UNUSED COLUMNS;

删除上例中被标记为 UNUSED 状态的 supplier 列,执行结果如下:

SQL > ALTER TABLE products DROP UNUSED COLUMNS;
Table altered

4.3.3 修改列

如果要改变表中某些列的数据类型、长度和约束条件等,可以修改这些列的属性。比如将 PRODUCTS 表的 productname 列改为 VARCHAR2(64)。

4.3.3.1 使用企业管理器(OEM)修改列

打开 PRODUCTS 表的编辑界面,将 productname 的数据长度改成 64,如图 4 – 11 所示,然后点击确定按钮即可。

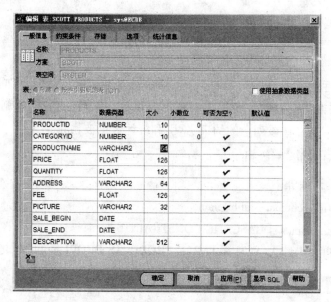

图 4 – 11 修改字段的属性

4.3.3.2 使用 SQL Plus 实现修改

(1)修改列的语法如下:

ALTER TABLE[schema.]table_name MODIFY(column_name new_attributes);

(2)在 SQL Plus 中执行以下代码同样可以完成列的修改:

SQL > ALTER TABLE products MODIFY(productname VARCHAR2(64));
Table altered

4.3.4　重命名表

当表命名不当时,可以重新命名。表被改名后,所有旧表上的视图、对象权限和约束条件会自动转换到新表名上,但所有与旧表相关的对象(如视图、同义词、存储过程、函数)会失效,必须重新定义或编译后才能使用。

4.3.4.1　使用 RENAME 命令重命名表

RENAME 语句可以修改一个表、视图、序列、专用同义词的名称,它们属于同一个名称空间。RENAME 语句的命令语法如下:

RENAME old_tablename TO new_tablename;

将 PRODUCTS 表名改为 PRODUCT_TEMP,执行结果如下:

SQL > RENAME products TO product_temp;

Table renamed

该语句只能修改自己方案中的对象名字,而不能修改其他用户方案中的对象名,如果要重命名其他用户方案中的对象名,需要使用 ALTER TABLE 语句。

4.3.4.2　使用 ALTER TABLE 语句重命名表

使用 ALTER TABLE 语句重命名表的优势在于,可以通过方案来限定表的名字,从而可以修改其他方案中的表名。当然,此时需要拥有对该表的 ALTER 权限或者 ALTER ANY TABLE 系统权限。

在 SQL Plus 中将 PRODUCTS _TEMP 表名改为 PRODUCTS,执行结果如下:

SQL > ALTER TABLE product_temp RENAME TO products;

Table altered

4.3.5　删除表

如果不再需要某个表时,可以将其删除。

如果删除自己方案中的表可以省略 schema。要删除其他方案中的表,则 schema 不能省略,并且还必须拥有 DROP ANY TABLE 系统权限。

在删除一个表时,Oracle 将完成以下操作:

(1)表的全部记录;

(2)从数据字典中删除该表的定义;

(3)删除与该表相关的所有索引、触发器和对象权限;

(4)为该表定义的同义词不会被同时删除,但在使用时会出错;

(5)依赖于该表的视图和 PL/SQL 过程将被置于 INVALID(不可用)状态;

(6)回收该表的空间。

4.3.5.1 使用企业管理器(OEM)删除表

(1)在按照前文步骤中右键单击表名 PRODUCTS,然后选择"移去"项。

(2)选择"是"即可删除 PRODUCTS 表。

4.3.5.2 使用 SQL Plus 删除表

(1)删除表的语法如下:

DROP TABLE[schema.]table_name[CASCADE CONSTRAINTS];

(2)在 SQL Plus 中执行以下代码可删除 PRODUCTS 表:

SQL > DROP TABLE products CASCADE CONSTRAINTS;

Table dropped

注意,CASCADE CONSTRAINTS 选项表示在删除该表的同时删除其他表中的相关的外键约束。

4.3.6 维护约束条件

约束条件指在单个表中或各个表之间定义的用于维护数据库完整性的一些规则。如果对数据库的操作违反了约束条件,将会返回一条错误信息。

4.3.6.1 约束类型

Oracle 支持 5 种类型的约束,其含义如表 4 - 3 所示。

表4 - 3 约束条件类型

约束条件	说　明
UNIQUE	唯一,即字段值不能重复
PRIMARY KEY	主键
FOREIGN KEY	外键
CHECK	检查,检查字段值是否满足约束表达式中指定的条件
NOT NULL	非空,即字段值不能为空

4.3.6.2 约束状态

约束的状态分为两类,如表 4 - 4 所示。

表4 - 4 约束的状态

分类方式	状　态	命　令
检查新数据	激活	ENABLE
	禁用	DISABLE
检查旧数据	验证	VALIDATE
	不验证	NOVALIDATE

（1）激活/禁用状态

激活与禁用状态指在对表进行插入和更新操作时，是否对约束条件进行检查。在激活状态下，将对表的插入和更新操作进行检查，违反约束条件的操作不能执行；在禁用状态下，约束将不起作用。

一般情况下，为了保证数据的完整性，表中的约束条件应该始终处于激活状态，但在执行某些特殊操作时，为了提高系统性能，可以临时禁用约束，比如从外部数据源导入大量数据时，当然这样可能会产生违反数据完整性的记录。

（2）验证/不验证状态

验证与不验证状态指是否对表中已有的数据进行约束条件检查。在验证状态下，当激活约束时，Oracle 将检查表中现有记录是否满足约束条件。在不验证状态下，将不进行约束检查。

（3）组合状态

上述两类状态相互组合后可以形成 4 种约束状态。

• 激活验证状态：这是默认状态。在这种状态下，Oracle 将对表中的所有数据（包括新插入和更新的数据以及表中原有的数据）进行约束检查。这种状态可以完全保证表中所有的记录都满足约束条件的要求。

• 激活不验证状态：在这种状态下，Oracle 将对新插入和更新操作进行约束检查，但不会检查表中原有的数据。

• 禁用验证状态：在这种状态下，Oracle 不允许对表进行任何 DML 操作，因为此时约束被禁用，无法对这些操作进行约束检查，但是仍然会对表中已有的数据进行约束检查。

• 禁用不验证状态：在这种状态下，Oracle 将对表中的所有数据（包括新插入和更新的数据以及表中原有的数据）都不进行约束检查。

4.3.6.3　定义约束

约束的定义可以在创建表时完成。如在 4.2.2 节中，我们将 PRODUCTS 表的 PRODUCTID 字段设为主键。此外，也可以在 SQL Plus 中通过 CREATE TABLE 语句在某个字段后面来定义，也可以在所有字段的末尾增加约束。在某个字段后面定义约束语法为：

column[CONSTRAINT constraint_name] constraint_type[condition] ;

其中，

column 表示约束对应的列；

CONSTRAINT 选项用于指定约束名，如果没有指定，Oracle 会自动生成一个以前缀 SYS_C 的约束名；

constraint_type 用于指定约束类型；

condition 用于指定约束条件。

4.3.6.4　增加约束

如果表已经创建了，之后又需要增加或删除约束，可以使用 ALTER TABLE 语句实现。如果要修改约束,可以先将其删除,然后再增加一个新约束。

可以通过表的编辑界面,如图 4 – 3 所示,选择"约束条件"标签,在此处增加约束。也可以使用 SQL Plus,通过 ALTER TABLE 语句增加约束。语法是:

ALTER TABLE table_name ADD[CONSTRAINT constraint_name]

constrain t_type(col1 ,col2 ,...)[condition];

其中,

CONSTRAINT 选项指定约束名,如果没有指定,Oracle 会自动生成一个唯一的以 SYS_C 开头的名称;

constraint_type 用于指定约束类型;

col1 ,col2 等用于指定约束对应的列;

condition 用于指定约束条件。

(1)给 PRODUCTS 表的 PRODUCTNAME 列增加一个名为 U_PRODUCTNAME 的 UNIQUE 约束:

```
SQL > ALTER TABLE products ADD CONSTRAINT u_productname UNIQUE(productname);
Table altered
```

(2)给 PRODUCTS 表的 PRODUCTNAME 列增加一个 NOT NULL 约束:

```
SQL > ALTER TABLE products MODIFY( productname NOT NULL);
Table altered
```

(3)给 PRODUCTS 表的 STATUS 列增加一个名为 CH_STATUS 的 CHECK 约束,'Y'表示还有库存,'N'表示缺货,即 STATUS 字段的值只能是'Y'和'N':

```
SQL > ALTER TABLE products ADD CONSTRAINT CH_STATUS CHECK( status
IN( 'Y','N') );
Table altered
```

(4)给 PRODUCTS 表增加一个外键约束,由 PRODUCTS 的 CATEGORYID 引用 CATEGORY 表的 CATEGORYID 主键,前提是 CATEGORY 表要事先创建,且将 CATEGORYID 字段设为主键:

```
SQL > ALTER TABLE products ADD CONSTRAINT FK_PRODUCTCATEGORY
FOREIGN KEY( categoryid) REFERENCES CATEGORY( categoryid);
Table altered
```

4.3.6.5 删除约束

约束的删除方式有两种,一种是在 OEM 中删除,另一种是在 SQL Plus 中删除。下面是在 SQL Plus 中删除 U_PRODUCTNAME 约束的运行结果:

```
SQL > ALTER TABLE products DROP CONSTRAINT U_PRODUCTNAME CASCADE;
Table altered
```

4.3.6.6 设置约束的状态

在 Oracle 数据库中,约束默认的状态是激活且验证,用户可以根据需要进行修改。

(1)在 OEM 中点击 PRODUCTS 表,选择"约束条件"标签。

(2)点击"是否禁用"或"是否不进行验证"来改变默认设置,然后点击应用按钮,修改即可生效,如图 4 - 12 所示。

图 4 - 12 改变约束的状态

(3)在 SQL Plus 中执行以下代码可修改约束状态。

> SQL > ALTER TABLE products MODIFY CONSTRAINT CH_STATUS NOVALIDATE
> DISABLE CONSTRAINT CH_STATUS;
> Table altered

修改约束的状态需注意:

对于那些正在被子表中 FOREIGN KEY 约束引用的 UNIQUE 或 PRIMARY KEY 约束,不能被禁用。如果要禁用,必须先禁用 FOREIGN KEY 约束,然后再禁用 UNIQUE 或 PRIMARY KEY 约束,或者使用带 CASCADE 关键字的 ALTER TABLE...DISABLE 语句,这样在禁用该 UNIQUE 或 PRIMARY KEY 约束的同时,会先禁用那些引用该约束的所有 FOREIGN KEY 约束。

使用 NOVALIDATE 选项可以将约束切换到不验证状态,但它不能在 ALTER TABLE 语句中单独使用,必须与 ENABLE 或 DISABLE 合用。

4.3.6.7 设置约束的延迟检查

表中的约束,在默认情况下都是不可延迟的,即 Oracle 在每一条 DML 语句执行完之后立即进行约束检查。但是,在某些情况下,我们希望能以一个事务单位(如级联更新外键)

进行约束检查,即在事务结束时检查,否则将无法完成这类操作。这需要将延迟约束检查的时间。延迟约束检查一般是在增加相应约束时指定,比如延迟 FK_PRODUCTCATEGORY 外键约束的检查,执行结果如下:

> SQL > ALTER TABLE products ADD CONSTRAINT FK_PRODUCTCATEGORY FOREIGN
> KEY(CATEGORYID)REFERENCES CATEGORY(CATEGORYID)DEFERRABLE;
> Table altered

对于 NOT DEFERRABLE 约束(不延迟约束),创建之后不能改变约束检查的时机。

对于 DEFERRABLE 约束(可延迟约束),可以在创建时指定 INITIALLY IMMEDIATE 或 INITIALLY DEFERRED 选项来改变约束检查的时机。两者的区别在于,前者创建的可延迟约束在初始状态下是立即检查的,而后者创建的可延迟约束在初始状态下是延迟检查的。创建之后可以通过 ALTER TABLE 语句来改变约束检查的时机。

约束创建后,其可延迟性将不能改变,即不能通过 ALTER TABLE 语句将一个 DEFERRABLE 约束改为 NOT DEFERRABLE 约束,反之也不行。要想改变其可延迟性,只能先删除该约束,再重新创建。

下面以一个实例来说明设置延迟检查的作用。

(1)商品表 PRODUCTS 的 categoryid 引用了商品类别表 CATEGORY 的 categoryid 主键字段,按照前面的方法为 PRODUCTS 创建 FK_PRODUCTCATEGORY 外键约束,且将其设置为可延迟检查。

(2)根据外键约束,应该先输入商品类表(CATEGORY)的数据,再输入商品表(PRODUCTS)数据。现在颠倒数据输入的顺序,先在子表 PRODUCTS 中插入一条商品记录,然后在父表(CATEGORY 表)插入具有相应 categoryid 列值的记录,显然,这两步操作都完成之后的最终数据是满足参照完整性约束的。但是,用于上述两个约束都是立即检查的,所以向 PRODUCTS 表中插入记录时将返回一个错误信息,因为它无法通过 FORENGN KEY 约束的检查,操作结果发生编号为·ORA – 02291 错误,即在 CATEGORY 中找不到 categoryid 值为 123456 外键:

> SQL > INSERT INTO products(productid,categoryid)VALUES(123456,123456);
> INSERT INTO products(productid,categoryid)VALUES(123456,123456)
> ORA –02291 错误意为:违反完整约束条件(SCOTT.FK_PRODUCTCATEGORY)——未找到父项关键字。

(3)由于 PRODUCTS 表的外键 FK_PRODUCTCATEGORY 约束在创建时是可延迟检查的,可以通过 ALTER TABLE 语句将其改为延迟检查,即可顺利地插入记录。代码如下所示:

> SQL > ALTER TABLE products
> MODIFY CONSTRAINT FK_PRODUCTCATEGORY INITIALLY DEFERRED;
> Table altered

(4)现在再往 PRODUCTS 表插数据,不符合完整性约束,不能执行 COMMIT 命令,而是在往 CATEGROY 表增加 CATEGORYID 值为 123456 的记录之后,然后提交。正确的操作步骤如下：

```
SQL > INSERT INTO products( productid , categoryid) VALUES (123456 ,123456 );
SQL > INSERT INTO category( categoryid , categoryname) VALUES(123456 ,'电器类');
SQL > COMMIT;
Commit complete
```

(6)最后还要将 PRODUCTS 表的外键约束恢复成原来的状态。代码如下：

```
SQL > ALTER TABLE products MODIFY CONSTRAINT FK_PRODUCTCATEGORY
INITIALLY IMMEDIATE;
Table altered
```

4.4　查看表信息

查看表信息有多种方式,最常用的包括使用 OEM、数据字典视图和对象报告查看。

4.4.1　使用 OEM 查看表信息

使用 OEM 查看表信息非常简单,打开要查看的表的编辑界面,可以直观地查看表的各项信息本书不做重点讲述。

4.4.2　使用数据字典视图查看表信息

与表相关的数据字典视图及描述如表 4 − 5 所示。

表 4 − 5　与表相关的数据字典视图及描述

视　　图	说　　明
DBA_TABLES	DBA 视图描述数据库中的所有表。
ALL_TABLES	ALL 视图描述用户可访问的所有表。
USER_TABLES	USER 视图描述用户拥有的表。
DBA_TAB_COLUMNS	这些视图描述数据库中的表、视图和簇的列。
ALL_TAB_COLUMNS	这些视图中的某些列包含有 DBMS_STATS 包或 ANALYZE 语句产生的
USER_TAB_COLUMNS	统计数据。
DBA_ALL_TABLES	
ALL_ALL_TABLES	这些视图描述数据库中的所有关系表和对象表。
USER_ALL_TABLES	

视　图	说　明
DBA_TAB_COMMENTS	
ALL_TAB_COMMENTS	这些视图显示表和视图的注释,注释是用 COMMENT 语句输入的。
USER_TAB_COMMENTS	
DBA_COL_COMMENTS	
ALL_COL_COMMENTS	这些视图显示表的列和视图的列的注释。注释是用 COMMENT 语句输入的。
USER_COL_COMMENTS	
DAB_EXTERNAL_TABLES	
ALL_EXTERNAL_TABLES	这些视图显示数据库中的外部表的特殊属性。
USER_EXTERNAL_TABLES	
DBA_EXTERNAL_LOCATIONS	
ALL_EXTERNAL_LOCATIONS	这些视图显示外部表的数据源。
USER_EXTERNAL_LOCATIONS	
DAB_TAB_HISTOGRAMS	
ALL_TAB_HISTOGRAMS	这些视图描述表和视图上的直方图。
USER_TAB_HISTOGRAMS	
DBA_TAB_COL_STATISTICS	
ALL_TAB_COL_STATISTICS	这些视图提供从相关的 TAB_COLUMNS 视图中提取出来的列的统计数据和直方图信息。
USER_TAB_COL_STATISTICS	
DBA_TAB_MODIFICATIONS	
ALL_TAB_MODIFICATIONS	这些视图描述自从上次对它们收集统计数据之后已经被更改过的表,这些视图仅填充具有 MONITORING 属性的表,而且不立即填充它们,而是在一个时间间隔(通常 3 小时)后才进行填充。
USER_TAB_MODIFICATONS	
DBA_UNUSED_COL_TABS	
ALL_UNUSED_COL_TABS	这些视图显示具有未使用列的表,这些列是用 ALTER TABLE...SET UNUSED 语句标记的。
USER_UNUSED_COL_TABS	
DAB_PARTIAL_DROP_TABS	
ALL_PARTIAL_DROP_TABS	这些视图显示部分地完成 DROP COLUMN 操作的表,这些操作可能是由于用户中止了操作或系统崩溃而未完成的。
USER_PARTIAL_DROP_TABS	
DBA_CONSTRAINTS	
ALL_ CONSTRAINTS	包含所有约束的基本描述信息,如约束的名称、类型、状态、延迟等信息。
USER_ CONSTRAINTS	
DBA_CONS_ CONSTRAINTS	
ALL_CONS_ CONSTRAINTS	包含定义了约束的字段信息,通过这个视图可以查看约束被定义在哪些字段上。
USER_CONS_ CONSTRAINTS	

4.4.2.1 查看表的定义信息

在创建表时,Oracle 会将表的定义信息存放在数据字典中,可以通过查询数据字典视图 dba_tables、all_tables 和 user_tables 来查看。在 SQL Plus 中执行以下代码可查看 PRODUCTS 表信息,由于 user_tables 视图的字段较多,这里只挑选若干有代表性的字段显示其值,执行代码如下:

```
SQL > SELECT table_name,tablespace_name,pct_free,pct_used FROM
user_tables WHERE table_name = 'PRODUCTS';
```

TABLE_NAME	TABLESPACE_NAME	PCT_FREE	PCT_USED
PRODUCTS	SYSTEM	10	40

注意在设置查询条件时,table_name = 'PRODUCTS'中的值'PRODUCTS'一定要大写与表名一致。

4.4.2.2 查看表列信息

通过查询数据字典视图 DBA_TAB_COLUMNS、ALL_TAB_COLUMNS 和 USER_TAB_COLUMNS 可以查看表列的定义信息。在 SQL Plus 中执行以下代码可查看 SALES 表列信息,执行代码如下:

```
SQL > SELECT column_name,data_length,nullable,data_type
FROM all_tab_columns WHERE table_name = 'PRODUCTS';
```

COLUMN_NAME	DATA_LENGTH	NULLABLE	DATA_TYPE
PRODUCTID	22	N	NUMBER
CATEGORYID	22	Y	NUMBER
PRODUCTNAME	32	Y	VARCHAR2
PRICE	22	Y	FLOAT
QUANTITY	22	Y	FLOAT
ADDRESS	64	Y	VARCHAR2
FEE	22	Y	FLOAT
PICTURE	32	Y	VARCHAR2
SALE_BEGIN	7	Y	DATE
SALE_END	7	Y	DATE
DESCRIPTION	512	Y	VARCHAR2
STATUS	1	Y	CHAR
REPAIR	1	Y	CHAR
PAYMENT	1	Y	CHAR

4.4.2.3 查看约束信息

（1）查看表的约束信息

在 ALL_CONSTRAINTS 视图中定义了所有表的约束信息，此视图中的相关字段含义如下：

• CONSTRAINT_TYPE 列表示约束类型，C 表示 CHECK 约束，P 表示主键约束，R 表示外键约束，U 表示唯一性约束，NOT NULL 约束被存储成 CHECK 约束，而且由系统自动产生约束名。

• DEFERRED 列表示约束时机，IMMEDIATE 表示立即检查，DEFERRED 表示延迟检查。

• DEFERRABLE 列表示约束是否可延迟，NOT DEFERRABLE 代表不可延迟约束，DEFERRABLE 代表可延迟约束。

• STATUS 列显示约束的状态，ENABLED 表示开启，DISABLED 表示禁用。

（2）查看定义了约束的列

ALL_CONSTRAINTS 视图中只给出了约束所在的表，而没有给出约束是定义在哪些列上。要查看定义了约束的列，要使用 ALL_CONS_COLUMNS 视图。

4.4.3 使用对象报告查看表信息

（1）在 OEM 中右键单击 PRODUCTS 表，在弹出的快捷菜单中选择"对象报告..."如图 4 – 13 所示。

（2）出现如图 4 – 14 所示的界面，选择报告类型为 HTML 网页方式。

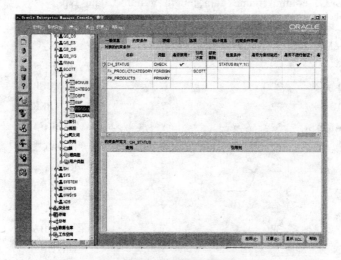

图 4 – 13　选择查看对象报告

图 4 – 14　选择对象报告格式

（3）单击"确定"按钮，会将该报告以 HTML 格式保存在磁盘上，现在点击"查看…"按钮，将打开这个页面文件，如图 4－15 所示。

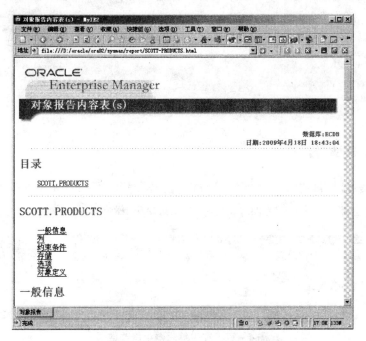

图 4－15　PRODUCTS 表的对象报告

可以通过超级链接查看 PRODUCTS 表的各种信息，如列、约束条件、对象定义等内容。

4.5　操作表数据

4.5.1　插入数据

在 OEM 中右键单击 PRODUCTS 表，选择"查看/编辑目录…"，出现如图 4－16 所示的表编辑器。用户可以直接在表格中输入数据，然后点击"应用"按钮即可。

图 4－16　在表数据编辑器中插入数据

在 SQL Plus 中执行如下代码可以完成同样的插入记录操作。

SQL > INSERT INTO products (productid, categoryid, productname, price, quantity, address, fee)

VALUES(123456, 123456, '海尔液晶电视', 6200, 100, '青岛市海尔工业园', '200');

1 row inserted

SQL > COMMIT；

Commit complete

4.5.2 修改数据

修改数据可以直接在表编辑器中进行。这里将 PRICE 修改成 6 500,然后点击"应用"按钮即可生效,如图 4 – 17 所示,也可以通过 SQL 语句实现。

图 4 – 17　在表编辑器中修改数据

在 SQL Plus 中执行下述代码可以完成同样的操作。

SQL > UPDATE products SET price = 6500 WHERE productid = 123456；

1 row updated

SQL > COMMIT；

Commit complete

这里我们使用主码 ID 来定位,这样的更新语句适合在不同的系统中使用。

4.5.3 删除数据

在 OEM 中右键单击表名选择"查看/编辑目录…"项,在表编辑器中选中要删除的行,右键单击该行前部,在出现的快捷菜单中选择"删除",然后点击"应用"按钮即可,如图 4 – 18 所示。

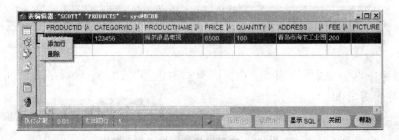

图 4 – 18　在表编辑器中删除记录

在 SQL Plus 中执行下述代码可以完成同样的操作。

```
SQL > DELETE FROM products WHERE productid = 123456;
1 row deleted
SQL > COMMIT;
Commit complete
```

4.5.4 截断数据

当使用 DELETE 语句删除大量记录时将会消耗大量的资源（如 CPU 时间、重做日志存储空间等）。另外，由于记录是逐行删除，当表中定义了行级触发器时，每删除一条记录都会触发一次。因此，DELETE 语句通常只用来删除指定的少量记录，如果要删除所有记录，最好使用截断语句 TRUNCATE。

TRUNCATE 语句的语法如下：

TRUNCATE TABLE table_name[DROP/REUSE STORAGE]

其中，如果使用"DROP STORAGE"子句，显式指明释放数据表和索引的空间。若使用"REUSE STORAGE"子句，显式指明不释放数据表和索引的空间。下面的代码截断 PRODUCTS 表的数据：

```
SQL > TRUNCATE TABLE products;
Table truncated
```

注意：

（1）TRUNCATE 语句对表的操作速度比 DELETE 操作快，DELETE 操作由于要产生大量的回退信息，如果表很大，则删除速度较慢；

（2）TRUNCATE 操作在表上或者在所有的索引中重新设置阈值，用于全部扫描操作和索引全表的快速操作将读所有未超过阈值的数据块，因此，DELETE 操作以后全表扫描的性能不会改进，但 TRUNCATE 操作以后全表扫描速度将加快；

（3）截断操作不能删除完整性约束条件，而 DELETE 操作可以删除。

TRUNCATE 语句提供了一种快速、高效的删除表中所有记录的方法。TRUNCATE 语句属于 DDL 语句，它会自动立即提交，并且也不能回退。在执行 TRUNCATE 语句时，不会影响与被操作表相关的任何数据库对象和授权，也不会触发表中的触发器。截断表后，已经分配给表的存储空间会被回收。因此，TRUNCATE 语句是删除表中所有记录的最好方法，但是由于其没有保留日志信息，因此被截断的数据无法恢复。

4.5.5 查询数据

在 OEM 中右键单击所选表名，在弹出菜单中选择"查看/编辑目录…"项，在表编辑器中即可查看表数据。

在 SQL Plus 中执行下列代码可以完成同样的操作。

```
SQL > SELECT * FROM PRODUCTS;
```

4.6　建立表的相互关系

现实世界中事物之间的联系在关系数据库中体现为实体之间的关系,因此,在创建数据表时还要建立表间的关系。在 C2C 电子商城中,商品表 PRODUCTS 和商品类别表 CATEGORY 相关,下面介绍如何建立 PRODUCTS 和 CATEGORY 表之间的关系:

(1)按照前文介绍的方法创建商品类别表 CATEGORY(主键是 categoryid)、商品表 PRODUCTS(主键是 productid)。

(2)将商品类别表 CATEGORY 的主码 categoryid 设为商品表 PRODUCTS 的外键。在 OEM 中右键单击 PRODUCTS,选择"查看/编辑详细资料…",在 PRODUCTS 表的"约束条件"页中增加一个约束条件,名称为 FK_PRODUCTSCATEGORY,类型为"FOREIGN",引用方案为"SCOTT",引用表为"CATEGORY",在约束条件定义部分,选择表列为 PRODUCTS 表的"categoryid",引用列为 CATEGORY 表的"categoryid",结果如图 4-19 所示:

图 4-19　设置表的外键的"约束条件"标签

(3)除了在 OEM 中增加外键以外,还可以 SQL Plus 中执行下列代码完成同样的操作,代码如下所示:

```
SQL > ALTER TABLE products ADD CONSTRAINT FK_PRODUCTSCATEGORY
FOREIGN KEY(categoryid) REFERENCES CATEGORY(categoryid)
Table altered
```

按照上述方式创建其他的外键,从而建立表之间的联系。

练习题

1. 了解 Oracle 的 16 种数据类型的用法。

2. 什么是主键？

3. 什么是外键？

4. 约束条件有哪些类型？

5. 约束有哪几种状态？有何区别？

6. 设置延迟检查有何意义？

7. 截断和删除数据表有何区别？

8. 查看表信息有哪几种方式？

上机实习

1. 使用 OEM 和 SQL Plus 分类创建用户表 USERS 和订单表 ODERS。

2. 为表添加数据，完成基本的数据操作（如增加记录、修改、删除等）。

3. 建立用户表 USERS 和订单表 ODERS 之间的关系。

5

◀ 索引管理与应用 ▶

【本章要点】
- 索引的原理
- 创建索引
- 修改索引
- 查看索引

【学习要求】
- 了解索引的功能和基本工作原理
- 掌握索引的创建和修改方法

5.1 索引简介

正如书籍的目录可以帮助读者快速查找所需要的内容一样,数据库中的索引也起到提高查询速度的作用。有了索引,DML 操作就能快速找到表中的数据,而不需要扫描整张表。因此,对于包含大量数据的表来说,设计索引,可以大大提高操作效率。在书籍中,目录是章节和页码的清单。在数据库中,索引是数据和存储位置的列表。

索引是建立在表上的可选对象。索引的关键在于通过一组排序后的索引键来取代默认的全表扫描检索方式,从而提高检索效率。索引在逻辑上和物理上都与基表(即创建索引所在的表)的数据无关,当创建或删除一个索引时,不会影响基表。当插入、更改和删除基表记录时,Oracle 会自动管理索引,比如为新增的记录创建相应的索引条目;删除记录时,也会将相应的索引条目删除。因此,在表上创建索引不会对表的使用产生任何影响。但是,在表中的一列或多列上创建索引可以为数据的检索提供快捷的存取路径,提高查询速度。

索引一旦建立后,当在表上进行 DML 操作时,Oracle 会决定何时使用索引。索引的使用对用户是透明的,用户不需要在执行 SQL 语句时指定使用哪个索引及如何使用索引。也就是说,无论表上是否创建有索引,SQL 语句的用法不变。用户在进行操作时,不需要考虑索引的存在,索引只影响系统的性能。

索引与键既有联系又有区别。索引是数据库中的一种对象,通过 SQL 语句可以进行创建和管理,而键只是一个用于表示完整性约束的逻辑上的概念。Oracle 有时也会利用索引实现某些完整性约束的功能,如利用唯一性索引实现唯一性约束。特别是在创建主键约束时,系统会自动创建主键索引,这时索引和键在功能上相同,但其本质是不同的。

5.1.1 索引工作原理

设计索引的目的是提高查询的速度。当我们在一个没有创建索引的表中查询符合某个条件的记录时,DBMS 会顺序地逐条读取每个记录与查询条件进行匹配,这种方式称为全表扫描。全表扫描方式需要遍历整个表,效率很低。

全表扫描方式就像看一本没有目录的书,要找到需要的内容,只能是查遍全书。有了目录之后,只需查看目录,就可以快速找到特定内容的页面。索引就相当于书的目录,在表中建立了索引后,只需要先在索引中找到符合查询条件的索引列值,就可以通过保存在索引中的 ROWID 快速找到表中对应的记录。因此,使用索引可以大大减少查询的开销,提高效率。

下面通过一个例子来说明索引的工作原理。假设 PRODUCTS 表的数据如表 5-1 所示。

表 5-1　PRODUCTS 表的数据及其 ROWID 伪列值

PRODUCTID	PRODUCTNAME	ROWID
P0001	海尔液晶电视	AAAHagAABAAAMZKAAA
P0203	夏新液晶电视	AAAHagAABAAAMZKAAB
P1437	SONY 数码相机	AAAHagAABAAAMZKAAC
P1682	联想笔记本电脑	AAAHagAABAAAMZKAAD
P2735	美的空调	AAAHagAABAAAMZKAAE
P3412	格兰仕微波炉	AAAHagAABAAAMZKAAF
P4724	格力空调	AAAHagAABAAAMZKAAG

ROWID 伪列表示记录的物理存储位置。由上表可见,PRODUCTS 表的 PRODUCTNAME 列没有特定的顺序。

现在用 SELECT 语句查询 PRODUCTS 为'海尔液晶电视'的记录,代码如下:

```
SELECT * FROM products WHERE productname = '海尔液晶电视';
```

由于在 PRODUCTNAME 列上没有索引,该语句会搜索所有的记录。因为即使找到了'海尔液晶电视',也不能保证表中只有一个'海尔液晶电视',必须全部搜索一遍。

下面在 PRODUCTS 列上建立索引,代码如下:

```
CREATE INDEX IDX_ PRODUCTNAME ON PRODUCTS(PRODUCTNAME);
```

创建 IDX_ PRODUCTNAME 索引时,Oracle 对全表进行一次搜索,将每条记录的 PRODUCTNAME 值按照一定顺序排列(升序或降序),然后构建索引条目,即(PRODUCTNAME 值,ROWID 值)存储到索引段中,如表 5 – 2 所示。

表 5 – 2　PRODUCTS 表的 PRODUCTNAME 列上的索引

PRODUCTNAME	ROWID
SONY 数码相机	AAAHagAABAAAMZKAAC
格兰仕微波炉	AAAHagAABAAAMZKAAF
格力空调	AAAHagAABAAAMZKAAG
海尔液晶电视	AAAHagAABAAAMZKAAA
联想笔记本电脑	AAAHagAABAAAMZKAAD
美的空调	AAAHagAABAAAMZKAAE
夏新液晶电视	AAAHagAABAAAMZKAAB

在 PRODUCTNAME 列上创建了索引后,当我们查询'海尔液晶电视'的记录时,Oracle 将首先对索引中的 PRODUCTNAME 列进行快速搜索,由于 PRODUCTNAME 列值已经排序,因此可以使用各种快速搜索算法,当找到'海尔液晶电视'后还不能停止搜索,因为下面可能还有其他'海尔液晶电视'的记录,但只要下一条不是'海尔液晶电视'的记录,就可以停止了,因为 PRODUCTNAME 的值已排序。这样,借助于索引,将不需要进行全表扫描。最后,通过在索引中找到'海尔液晶电视'对应的 ROWID,然后通过该 ROWID 在 PRODUCTS 表中读取相应记录。

5.1.2　索引的类型

Oracle 支持多种类型的索引,可以按列的多少、索引值是否唯一和索引数据的组织形式对索引进行分类,以满足各种表和查询条件的要求。

5.1.2.1　单列索引和复合索引

一个索引可以由一个或多个列组成。基于单个列所创建的索引称为单列索引,基于两列或多列所创建的索引称为复合索引。

5.1.2.2　B 树索引

B 树索引是 Oracle 数据库中最常用的一种索引。当使用 CREATE INDEX 语句创建索引时,默认创建的索引就是 B 树索引。

B 树索引是按 B 树结构或使用 B 树算法组织并存储索引数据的。B 树索引就是一棵二叉树,它由根、分支节点和叶子节点三部分构成。其中,根包含指向分支节点的信息,分支节点包含指向下级分支节点和指向叶子节点的信息,叶子节点包含索引列和指向表中每个匹配行的 ROWID 值。叶子节点是一个双向链表,因此可以对其进行任何方面的范围扫描。

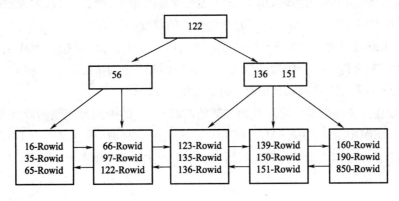

图 5 - 1 B 树索引结构

B 树索引中所有叶子节点都具有相同的深度,所以不管查询条件如何,查询速度基本相同。另外,B 树索引能够适应各种查询条件,包括精确查询、模糊查询和比较查询。

B 树索引的分类:

(1)唯一索引(Unique),其索引值不能重复,但允许为 NULL。在创建索引时指定 UNIQUE 关键字可以创建唯一索引。当建立主键约束条件时 Oracle 会自动在相应列上建立唯一索引,主键列不允许为 NULL。

(2)非唯一索引(Non – Unique),其索引值可以重复,允许为 NULL。默认情况下, Oracle 创建的索引是非唯一索引。

(3)反向关键字索引(Reverse Key)。通过在创建索引时指定 REVERSE 关键字,可以创建反向关键字索引,被索引的每个数据列中的数据都是反向存储的,但仍然保持原来数据列的次序。

5.1.2.3 位图索引

在 B 树索引中,保存经排序的索引列及其对应的 ROWID 值,但是对一些基数很小的列来说,这样做并不能显著提高查询的速度。所谓基数,是指某个列可能拥有的不重复的个数。比如性别列的基数为 2(只有男和女)。因此,对诸如性别、婚姻状况、政治面貌等只具有几个固定值的字段而言,如果要建立索引,应该建立位图索引,而不是默认的 B 树索引。

当创建位图索引时,Oracle 会扫描整张表,并为索引列的每个取值建立一个位图。在这个位图中,对表中每一行使用一位(bit,取值为 0 或 1)来表示该行是否包含该位图的索引列的取值,如果为 1,则表示该位对应的 ROWID 所在的记录包含该位图索引列值。最后通过位图索引中的映射函数完成位图到行 ROWID 的转换。

5.1.2.4 函数索引

前面的索引都是直接对表中的列创建索引,除此之外,Oracle 还可以对包含有列的函数或表达式创建索引,这就是函数索引。当需要经常访问一些函数或表达式时,可以将其存储在索引中,当下次访问时,由于该值已经计算出来了,因此,可以大大提高那些在 WHERE 子句中包含该函数或表达式的查询操作的速度。

函数索引既可以使用 B 树索引,也可以使用位图索引,可以根据函数或表达式的结果的基数大小来进行选择。如果函数或表达式的结果不确定时,采用 B 树索引;如果函数或表达式的结果是固定的几个值时,采用位图索引。

比如,现在需要查询某年之后开始上架的商品名称,即查询日期只精确到年,而无需月和日。在 PRODUCTS 表中,SALE_BEGIN 字段表示上架时间,它是一个 DATE 类型的字段,因此需要使用相关函数对其进行转换,取出年份。现在要查询 2008 年上架的商品名称,使用如下语句:

```
SELECT productname FROM products
WHERE TO_CHAR(SALE_BEGIN,'YYYY') = '2008';
```

因此可以通过 TO_CHAR 函数和'YYYY'格式将上架时间的年份取出来和字符串'2008' 比较,即可取出所有 2008 年上架的商品名称。但是,由于不是直接查询 SALE_BEGIN 列,所以,即使在 SALE_BEGIN 列上创建了索引,也无法使用。这里就可以使用函数索引,创建函数索引的代码如下:

```
CREATE INDEX fidx_salebegin ON products (TO_CHAR(SALE_BEGIN,'YYYY'));
```

由于函数索引存储了预先计算过的值,因此查询时不需要对每条记录都再计算一次 WHERE 条件,从而可以提高查询的速度。

在函数索引中可以使用各种算术运算符、PL/SQL 函数和内置 SQL 函数,如 LEN、TRIM、SUBSTR 等。这些函数的共同特点是为每行返回独立的结果,这也是创建函数索引的必要条件,因此,诸如 SUM、MAX、MIN、AVG 等函数不能创建函数索引。

5.1.3 管理索引的原则

使用索引的目的是提高系统的效率,但同时也会增加系统的负担,进而影响系统的性能,因为系统必须在进行 DML 操作后维护索引数据。在新的 SQL 标准中并不推荐使用索引,而是建议在创建表的时候用主键替代。因此,为了防止使用索引后反而降低系统的性能,应该遵循以下一些基本的原则:

(1)小型表不需要建立索引。

(2)对大型表而言,如果经常查询的记录数目少于表中总记录数目的 15% 时,可以创建索引(这个比例并不绝对,它与全表扫描速度成反比)。

(3)对大部分列值不重复的列可建立索引。

(4)对基数大的列,适合建立 B 树索引,而对基数小的列适合建立位图索引。

(5)对列中有许多空值,但经常查询所有的非空值记录的列,应该建立索引。

(6)LONG 和 LONG ROW 列不能创建索引。

(7)经常进行连接查询的列上应该创建索引。

（8）在使用 CREATE INDEX 语句创建查询时，将最常查询的列放在其他列前面。

（9）维护索引需要开销，特别是对表进行插入和删除操作时，因此要限制表中索引的数量。对主要用于读的表，则索引应较多。反之，一个表如果经常被更改，则索引应较少。

（10）在表中插入数据后创建索引，如果在装载数据之前创建了索引，那么当插入每行时，Oracle 都必须更改每个索引。

5.2　创建索引

使用 CREATE INDEX 语句创建索引。在用户自己的方案中创建索引，需要有 CREATE INDEX 系统权限，在其他用户的方案中创建索引则需要 CREATE ANY INDEX 系统权限。另外，索引需要存储空间，因此还必须在保存索引的表空间中有配额，或者具有 UNLIMITED TABLESPACE 系统权限。

CREATE INDEX 语句的语法如下：

CREATE［UNIQUE］|［BITMAP］INDEX index_name

ON table_name（［column1［ASC|DESC］,column2［ASC|DESC］,...］|［express］）

［TABLESPACE tablespace_name］

［PCTFREE n_1］

［STORAGE（INITIAL n_2）］

［NOLOGGING］

［ONLINE］

［NOSORT］;

表 5-3　索引选项说明

索引选项	说　　明
UNIQUE	表示唯一索引（默认情况下，不使用该选项）
BITMAP	表示创建位图索引（默认情况下，不使用该选项）
ASC	表示该字段在索引中按升序排列；DESC 表示按降序排列
PCTFREE	指定索引在数据块中的空闲空间（对于经常插入数据的表，应该为表中索引指定一个较大的空闲空间）
NOLOGGING	表示在创建索引的过程中不产生任何重做日志信息（默认情况下，不使用该选项）
ONLINE	表示在创建或重建索引时，允许对表进行 DML 操作（默认情况下，不使用该选项）
NOSORT	Oracle 在创建索引时对表中记录进行排序（默认情况下，不使用该选项）

最常用的选项一般包括 UNIQUE 和 BITMAP,其他选项使用不是很多。

用户可以在一个表上创建多个索引,但这些索引的列组合必须不同,如下列的索引是合法的:

> CREATE INDEX idx1 ON products(sale_begin,productname);
> CREATE INDEX idx2 ON products(productname,sale_begin);

其中,idx1 和 idx2 索引都使用了 SALE_BEGIN 和 PRODUCTNAME 列,但由于顺序不同,因此是合法的。

5.2.1 创建 B 树索引

B 树索引是 Oracle 默认的索引类型,当在 WHERE 子句中经常要引用某些列时,应该在这些列上创建索引。例如,经常需要在 PRODUCTS 表的 productname 列上按标题查询,就可以在 productname 列上建立 B 树索引。

(1)在 OEM 中,打开 PRODUCTS 表项,右键单击"索引"项,选择"创建…",如图 5-2 所示。

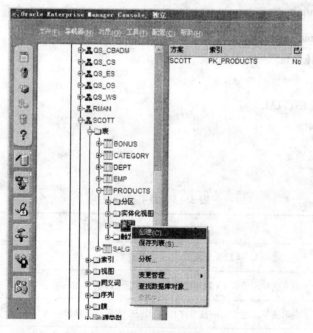

图 5-2 创建索引

(2)出现创建索引的界面,其"一般信息"标签,如图 5-3 所示。在"名称"里输入索引名 IDX_PRODUCTNAME,在"表空间"的下拉框里选择 INDX,"方案"选择 SCOTT,在"表"下拉框里选择 PRODUCTS,在表列里选择 productname,点击 productname 表列所在的"次序"框,然后会自动出现一个数字 1,表示该表列是 IDX_PRODUCTNAME 索引中的所有表列中排序第一。在"选项"框里还可以设置索引的其他属性,比如唯一性索引、位图索引、索引表列排序等,本例中这些选项都不需要,所以保持不变。

图 5 - 3　创建索引的"一般信息"标签

(3)在 OEM 中可以查看刚创建的索引,如图 5 - 4 所示。

图 5 - 4　查看创建的索引

(4)用户也可以在 SQL Plus 中执行以下 SQL 代码创建该索引,执行代码如下:

```
SQL > CREATE INDEX idx_productsname ON products( productname)
TABLESPACE INDX;
Index created
```

注意,由于我们已经 OEM 创建了该索引,因此在使用 SQL Plus 创建该索引之前,需要删除该索引。删除索引的方法请参看本章后面部分。

(6)下面查询 productname 为'海尔液晶电视'的记录,看看是否用到了刚创建的 IDX_PRODUCTSNAME 索引。在 OEM 中打开 SQL Scratchpad 工具,如图 5-5 所示。

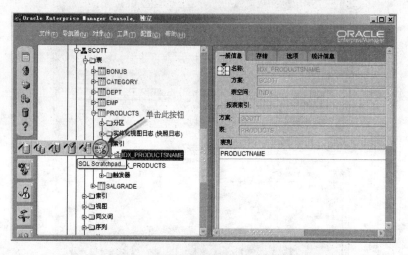

图 5-5 打开 SQL Scratchpad 工具

(7)在 SQL Scratchpad 中输入如下代码,首先点击执行按钮,在窗口的下方会出现执行结果,如图 5-6 所示。

SELECT FROM scott. products WHERE productname = '海尔液晶电视';

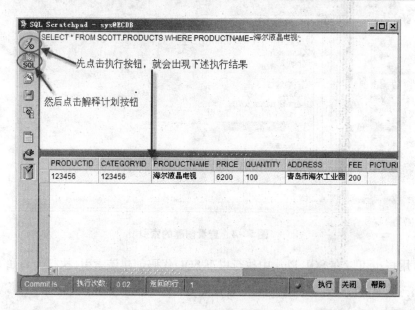

图 5-6 单击执行按钮

(8)然后单击"解释计划..."按钮,就会弹出解释计划窗口。在该窗口中,高亮显示的部分说明刚才的查询语句使用索引 IDX_PRODUCTSNAME 扫描表,而不是全表扫描,如图 5-7 所示。

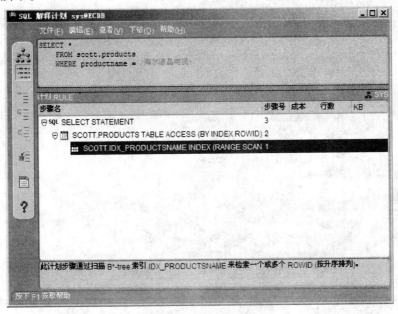

图 5-7　解释计划的结果

5.2.2　创建位图索引

位图索引适合于那些基数较少,且经常对该列进行查询、统计的列。下面以 PRODUCTS 表的 STATUS 列(只有 Y 和 N 这两个值,Y 表示有库存,N 表示缺货)为例介绍如何创建位图索引。

(1)在 OEM 中,打开 PRODUCTS 表项,右键单击"索引"项,选择"创建...",如图 5-2 所示。出现创建索引的界面,其"一般信息"标签,如图 5-3 所示。

(2)单击 STATUS 列,在其上创建名为"IDX_BITMAP_PSTATUS"的位图索引,注意选上"位图"选项,如图 5-8 所示。

(3)也可在 SQL Plus 中执行以下 SQL 代码创建该索引,执行结果如下:

```
SQL > CREATE BITMAP INDEX idx_bitmap_pstatus ON products(status)
TABLESPACE INDX;
Index created
```

5.2.3　创建函数索引

使用函数索引可以提高在查询条件中使用函数和表达式的查询语句的执行速度。Oracle 在创建函数索引时,首先对包含索引列的函数值或表达式进行求值,然后将排序后

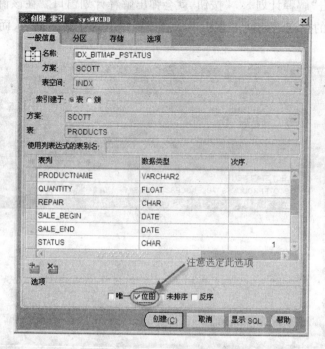

图 5 – 8 创建位图索引

的结果存储到索引中。函数索引可以根据基数的大小,选择使用 B 树索引或位图索引。Oracle 创建函数索引有特殊要求,因此下面仅以 SQL Plus 为例讲解函数索引的创建。

(1)Oracle 用户创建函数索引,必须具有 QUERY REWRITE 系统权限,可以由 SYS 这样的 DBA 用户来授权,比如授权给 SCOTT 用户。首先用 SYS 账号登录 SQL Plus,SYS 账号的密码是安装数据库时所设置,注意密码是区分大小写的,执行结果如下:

SQL > CONNECT SYS/JINHUALEE@ ECDB AS SYSDBA;
Connected to Oracle9i Enterprise Edition Release 9. 2. 0. 1. 0
Connected as SYS

(2)然后将 QUERY REWRITE 权限授予 scott 用户。

SQL > GRANT query rewrite TO scott;
Grant succeeded

(3)还要修改两个系统参数,将 QUERY_REWRITE_INTEGRITY 的值设为 TRUSTED,将 QUERY_REWRITE_ENABLED 的值设为 TRUE。

SQL > ALTER SYSTEM SET query_rewrite_integrity = TRUSTED;
System altered
SQL > ALTER SYSTEM SET query_rewrite_enabled = TRUE;
System altered

(4)连接上 Scott 用户账号,SCOTT 用户的密码缺省为 tiger(注意大小写)。

```
SQL > CONNECT scott/tiger@ ecdb;
Connected to Oracle9i Enterprise Edition Release 9.2.0.1.0
Connected as scott
```

(5)在 scott 用户下创建函数索引。

```
SQL > CREATE INDEX idx_faslebegin ON
products(to_char(sale_begin,'yyyy'));
Index created
```

(6)对表 PRODUCTS 进行计算统计分析。

```
SQL > ANALYZE TABLE products COMPUTE STATISTICS;
Table analyzed
```

(7)打开索引 IDX_FSALEBEGIN 的监控器。

```
SQL > ALTER INDEX idx_faslebegin MONITORING USAGE;
Index altered
```

(8)利用索引函数字段进行查询,注意索引的函数调用必须与创建该函数索引时的形式一致,包括函数和字段的大小写都要求完全一样,否则索引就会失效。

```
SQL > SELECT productid,categoryid,productname FROM products
WHERE to_char (sale_begin,'yyyy') = '2009';
PRODUCTID          CATEGORYID          PRODUCTNAME
---------------    ---------------     ---------------------
123457             123456              TCL 液晶电视
```

(9)通过 V $OBJECT_USAGE 数据字典,查看索引是否被使用,used 字段的值为 YES 则表明该索引被使用了,否则就是没被使用。

```
SQL > SELECT index_name,table_name,monitoring,used FROM v $object_usage;
```

INDEX_NAME	TABLE_NAME	MONITORING	USED
IDX_FSALEBEGIN	PRODUCTS	YES	YES

(10)关闭索引监控。

```
SQL > ALTER INDEX idx_faslebegin nonmonitoring usage;
Index altered
```

5.3 修改索引

当需要修改已创建的索引时,可以使用 ALTER INDEX 语句。用户想要修改自己方案中的索引,需要具有 ALTER INDEX 系统权限,如果想要修改其他用户方案中的索引,则需要具有 ALTER ANY INDEX 系统权限。

5.3.1 重命名索引

重命名索引可以使用 ALTER INDEX 语句。比如,将节中为 PRODUCTS 表创建的索引 IDX_PRODUCTSNAME 改名为 IDX_PRONAME,执行代码如下:

```
SQL > ALTER INDEX idx_productsname RENAME TO idx_proname;
Index altered
```

5.3.2 合并索引

表在使用一段时间后,由于用户不断对其进行更新操作,而每次对表的更新必然伴随着索引的改变,在索引中会产生大量的碎片,从而降低索引的使用效率。有两种方法可以清理碎片:合并索引和重建索引。

合并索引就是将 B 树叶子节点中的存储碎片合并在一起,从而提高存取效率,但这种合并并不会改变索引的物理组织结构,如图 5-9 所示。

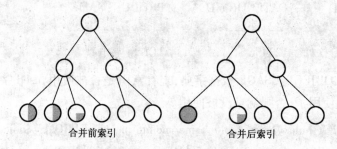

合并前索引　　　　合并后索引

图 5-9 索引合并

使用如下代码对 PRODUCTS 表的 IDX_PRONAME 进行合并:

```
SQL > ALTER INDEX idx_proname COALESCE;
Index altered
```

5.3.3 重建索引

当对表进行 DML 操作时,相应数据记录的索引也可能被修改,比如,在表中插入一条数据时,新数据行的索引条目插入索引树中,但是存储位置可能是随机的。同理,删除数据也会在索引树中将相应的索引条目删除,从而产生空闲空间碎片。随着更新或删除索引值的增多,索引中不可用空间的量也在增加,这种情况称为索引滞留。由于滞留索引中的数据和空闲区混在一起,查看索引的效率便会降低。如果在索引列上频繁进行 UPDATE 和DELETE 操作,为了提高空间的利用率,应该定期重建索引。重建索引相当于删除原来的索引,然后再创建一个新的索引,因此 CREAT INDEX 语句中的选项同样适用于重建索引。

重建索引使用 ALTER INDEX 语句的 REBUILD 选项,可以使用如下代码重建 PRODUCTS表的 idx_proname 索引:

```
SQL > ALTER INDEX idx_proname REBUILD;
Index altered
```

还可以利用重建索引,将索引转移到另一个表空间:

```
SQL > ALTER INDEX idx_proname REBUILD tablespace users;
Index altered
```

合并索引和重建索引都能消除索引碎片,但两者在使用上有明显的区别。合并索引不能将索引移动到其他表空间,但重建索引可以。合并索引代价较低,无需额外存储空间,但重建索引恰恰相反。合并索引只能在 B 树的同一子树中合并,不改变树的高度,但重建索引重建整个 B 树可能会降低树的高度。

5.3.4 删除索引

当以下情况发生时,需要操作删除索引:

(1)不需要该索引时;

(2)当索引中包含损坏的数据块,或碎片过多时,应删除该索引,然后再重建;

(3)如果移动了表的数据,将导致索引无效,此时应删除该索引,然后再重建;

(4)当向表中装载大量数据时,Oracle 也会向索引增加数据,为了加快装载速度,可以在装载之前删除索引,在装载完毕后重新创建索引。

删除索引使用 DROP INDEX 语句。要删除用户自己方案中的索引,需要具有 DROP INDEX 系统权限,要删除其他用户方案中的索引,则需要具有 DROP ANY INDEX 系统权限。

下面删除 PRODUCTS 表中的 IDX_PRNAME 索引。

在 OEM 中,选择要删除的索引,右键单击该索引项,在快捷菜单中选择"移去",如图5 – 10 所示。

在 SQL Plus 中执行以下 SQL 代码,也可以删除索引:

```
SQL > DROP INDEX idx_proname;
Index dropped
```

如果索引是在定义约束时(如创建主键)由系统自动创建的,可以通过禁用约束或删除约束来删除对应的索引。

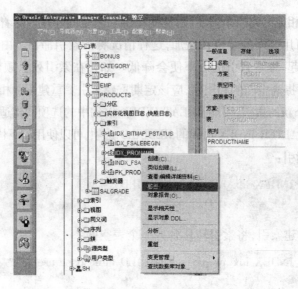

图 5 – 10   删除索引

5.3.5   监控索引

索引在创建后并不一定就会被使用,Oracle 会在自动搜集了表和索引的统计信息之后,决定是否要使用索引。通过查询数据字典视图 V $OBJECT_USAGE 可以查看索引的使用情况。

(1)在 SQL Plus 中执行 DESC v $object_usage 语句可以查看 v $object_usage 视图的结构。

```
SQL > DESC v $object_usage;
Name                    Type                    Nullable Default Comments
-------                 -------                 ------   ------------------------
INDEX_NAME              VARCHAR2(30)                     Name of the index
TABLE_NAME              VARCHAR2(30)                     Name of the table upon which the index was build
MONITORING             VARCHAR2(3)           Y          Whether the monitoring feature is on
USED                   VARCHAR2(3)           Y          Whether the index has been accessed
START_MONITORING       VARCHAR2(19)          Y          When the monitoring feature is turned on
END_MONITORING         VARCHAR2(19)          Y          When the monitoring feature is turned off
```

(2)查询 V $OBJECT_USAGE,了解索引的使用情况。在 SQL Plus 中执行以下代码:

```
SQL > SELECT index_name,monitoring,used,start_monitoring,end_monitoring
 FROM V $OBJECT_USAGE;
INDEX_NAME              MONITORING          USED        START_MONITORING
---------------------   ----------------    --------    ---------------------------

IDX_FSALEBEGIN          NO                  YES         04/20/2009 10:04:43
END_MONITORING
---------------------------

04/20/2009 10:05:47
```

可以发现,现在没有一个索引被监控。

(3)如要监控索引,需要先将索引设置为被监控状态。在 SQL Plus 中执行以下代码(执行之前,创建上一节被删除的 IDX_PRONAME 索引):

```
SQL > ALTER INDEX idx_proname monitoring usage;
Index altered
```

(4)现在,在 SQL Plus 中执行以下代码查询 v $object_usage 可以发现 idx_proname 的 MONITORING 列为 YES,表明已经处于被监控状态,但 USE 列为 NO 表明自开始监控(START_MONITORING)以来该索引还没有被使用过。

```
SQL > SELECT index_name,table_name,monitoring,used,start_monitoring
FROM v $object_usage WHEREindex_name = 'IDX_PRONAME';

INDEX_NAME      TABLE_NAME     MONITORING     USED     START_MONITORING
-------------   ------------   -----------    ------   ------------------------
IDX_PRONAME     PRODUCTS       YES            NO       04/20/2009 10:54:29
```

(5)在 SQL Plus 中执行以下代码查询 PRODUCTS 表:

```
SQL > SELECT productname FROM products WHERE productname = 'TCL 液晶电视';
PRODUCTNAME
---------------
TCL 液晶电视
```

(6)在 SQL Plus 中执行以下代码查询 v $object_usage 可以发现 idx_proname 的 used 列为 YES,表明刚才的查询已经使用了 idx_proname:

```
SQL > SELECT index_name,monitoring used FROM v $object_usage
WHERE index_name = 'INDX_PRONAME';

INDEX_NAME           USED
-------------        -------
IDX_PRONAME          YES
```

(7)监控完毕之后,可以在中执行以下代码关闭该索引的监控状态:

```
SQL > ALTER INDEX idx_proname nomonitoring usage;
Index altered
```

(8)在 SQL Plus 中执行以下代码查询 V $ OBJECT _ USAGE 可以发现 IDX_PRONAME 的 END_MONITORING 列被设置了时间,表明 IDX_PRONAME 已经关闭了监控状态:

SQL > SELECT index_name, monitoring, used, end_monitoring
FROM v$object_usage WHERE index_name = 'IDX_PRONAME';

INDEX_NAME	MONITORING	USED	END_MONITORING
IDX_PRONAME	NO	NO	04/20/2009 11:08:22

5.4 查看索引信息

查看索引信息有多种方式,最常用的包括使用 OEM、数据字典视图和对象报告查看。

5.4.1 使用企业管理器(OEM)查看索引信息

在 OEM 中查看索引非常简单,和创建索引的界面类似。在 OEM 中,选择要修改的索引,右键单击该索引项,在快捷菜单中选择"查看/编辑详细资料…",如图 5-11 所示。会出现该索引的详细信息,如图 5-12 所示。

图 5-11 打开索引的详细资料

图 5-12 索引的详细资料

5.4.2 使用数据字典视图查看索引信息

与索引相关的数据字典视图及描述如表 5-4 所示。

表 5-4　与索引相关的数据视图及描述

视　图	说　明
DBA_INDEXES	DBA 视图描述数据库中所有表上的索引。
ALL_ INDEXES	ALL 视图描述用户可访问的所有表上的索引。
USER_ INDEXES	USER 视图描述用户拥有的表上的索引。
DBA_IND_COLUMNS	这些视图描述数据库中的表上的索引列。 这些视图中的某些列包含有 DBMS_STATS 包或 ANALYZE 语句产生的统计数据。
ALL_IND_COLUMNS	
USER_IND_COLUMNS	
DBA_IND_EXPRESSIONS	这些视图描述数据库中的表上的函数索引的函数或表达式。
ALL_IND_EXPRESSIONS	
USER_IND_EXPRESSIONS	
INDEX_STATS	存储最后一条 ANALYZE INDEX...VALIDATE STRUCTURE 语句所产生的信息。
INDEX_HISTOGRAM	存储最后一条 ANALYZE INDEX...VALIDATE STRUCTURE 语句所产生的信息。
V $OBJECT_USAGE	包含由 ALTER INDEX...MONITORING USAGE 语句所产生的索引使用的消息。

5.4.2.1　查看表的全部索引

在创建索引时,Oracle 会将索引的定义信息存放在数据字典中,可以通过查询数据字典视图 dba_indexes、all_indexes 和 user_indexes 来查看。在 SQL Plus 中执行以下代码可查看 PRODUCTS 表的全部索引信息:

```
SQL > SELECT index_name,index_type,tablespace_name,uniqueness
FROM all_indexes WHERE table_name = 'PRODUCTS';

INDEX_NAME        INDEX_TYPE        TABLESPACE_NAME        UNIQUENESS
----------------  ---------------   -------------------    --------------

PK_PRODUCTS       NORMAL            SYSTEM                 UNIQUE
IDX_PRONAME       NORMAL            INDX                   NONUNIQUE
```

其中,

(1)INDEX_NAME,表示索引名;

(2)INDEX_TYPE,表示索引类型。NORMAL 表示 B 树索引,BITMAP 表示位图索引,FUNCTION - BASED NORMAL 表示基于函数的 B 树索引;

(3)TABLESPACE_NAME,表示存储索引的表空间;

(4)UNIQUENESS,表示索引是否是唯一索引。

5.4.2.2 查看索引的索引列

创建索引时,需要指定相应的表列。通过查询数据字典视图 dba_ind_columns、all_ind_columns 和 user_ind_columns 可以查看索引的索引列信息。在 SQL Plus 中执行以下代码可查看 PRODUCTS 表的索引列信息:

```
SQL > SELECT index_name,column_name,column_position,column_length
FROM all_ind_columns WHERE index_name = 'idx_proname';
INDEX_NAME        COLUMN_NAME      COLUMN_POSITION      COLUMN_LENGTH
-----------------  --------------   -----------------    -----------------
IDX_PRONAME       PRODUCTNAME      1                    32
```

其中,

(1) index_name,表示索引名;

(2) column_name,表示索引列的名称,其中,函数索引的索引列名称 sys_nc00003 $是系统自动生成的;

(3) column_position,表示该索引列在索引中的次序;

(4) column_length,表示索引列的长度。

5.4.2.3 查看函数索引的函数或表达式

创建函数索引时,Oracle 会将函数索引的信息写入数据字典。通过查询数据字典视图 dba_ind_expressions,all_ind_expressions 和 user_ind_expressions 可以查看函数索引的信息。在 SQL Plus 中执行以下代码可查看 PRODUCTS 表的函数索引信息:

```
SQL > SELECT index_name,column_position,column_expression FROM all_ind_expressions
WHERE index_name = 'IDX_FSALEBEGIN';
INDEX_NAME        COLUMN_POSITION      COLUMN_EXPRESSION
-----------------  -----------------    -------------------------------------
IDX_FSALEBEGIN    1                    TO_CHAR("SALE_BEGIN",'YYYY')
```

其中,

(1) index_name,表示索引名;

(2) column_expression,表示函数索引的函数或表达式;

(3) column_position,表示该索引列在索引中的次序。

5.4.3 使用对象报告查看索引信息

(1) 在 OEM 中右键单击要查看的索引,如 idx_proname,在弹出的快捷菜单中选择"对象报告…",如图 5 - 13 所示。

(2) 出现如图 5 - 14 所示的界面,选择报告类型为 HTML 网页方式。

(3) 单击"确定"按钮,会将该报告以 HTML 格式保存在磁盘上,现在点击"查看…"

图 5-13 选择查看对象报告

图 5-14 选择对象报告格式

按钮,将打开这个页面文件,如图 5-15 所示。

图 5-15 IDX_PRONAME 索引的对象报告

可以通过超级链接查看 IDX_PRONAME 索引的各种信息,如一般信息、列、选项、对象定义等内容。

练习题

1. 简述索引的作用及工作原理。
2. 索引有哪些类型？如何选择使用哪种索引？
3. 简述管理索引的原则。
4. 合并与重建索引有何异同？
5. 什么情况下需要删除索引？
6. 查看索引信息有哪几种方式？

上机实习

1. 使用 OEM 和 SQL Plus 创建基于商品类别表 CATEGORY 的 B 树索引、位图索引和函数索引。
2. 完成基本的索引操作（如合并、重建、重命名等）。
3. 监控索引的使用情况。

6

◀ 视图管理与应用 ▶

【本章要点】
- 视图的原理
- 创建视图
- 修改视图
- 更新视图
- 查看视图

【学习要求】
- 了解视图的定义和功能
- 了解视图的分类
- 掌握视图的创建、删除和修改方法

6.1 视图简介

　　视图是原始数据库数据的一种变换，是查看表中数据的另外一种方式。可以将视图看成是一个移动的窗口，通过它可以看到感兴趣的数据。视图是从一个或几个基本表（或视图）导出的表，是一个虚拟表。同真实的表一样，视图包含一系列带有名称的列和行数据。但是，数据库中只保存视图的定义，而不保存视图对应的数据。视图的数据来自由定义视图的查询所引用的表（或视图），并且在引用视图时动态生成。对其中所引用的基表来说，视图的作用类似于筛选。

　　视图不仅看上去非常像数据库的物理表，而且视图的使用和管理和表也非常类似。通过视图进行查询没有任何限制，基表数据的改变会自动反映在由基表产生的视图中。当通过视图修改数据时，实际上是在改变基表中的数据，但需要注意的是，这种更新并不一定都是有效的。使用视图有诸多优点，如提供各种数据表现形式、提供某些数据的安全性、隐藏数据的复杂性、简化查询语句、保存特殊查询等。

6.1.1 视图的原理

视图是由 SELECT 子查询语句定义的一个逻辑表。视图就像基表的一个窗口,通过定义这个窗口,可以实施许多数据库管理功能,获取许多其他方法无法提供的好处。在下面的示例中我们可以了解视图的原理。视图筛选了 titles 表中的 title 列和 price 列以及 publishers 表中的 pub_name 列,如图 6－1 所示。

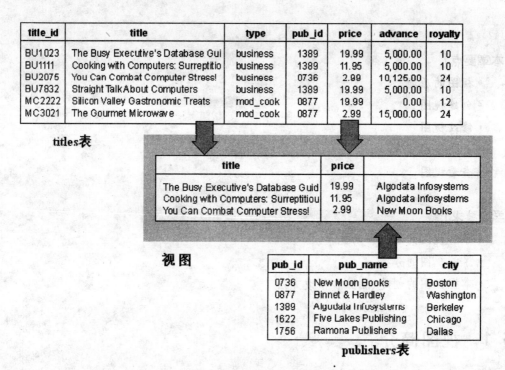

title_id	title	type	pub_id	price	advance	royalty
BU1023	The Busy Executive's Database Gui	business	1389	19.99	5,000.00	10
BU1111	Cooking with Computers: Surreptitio	business	1389	11.95	5,000.00	10
BU2075	You Can Combat Computer Stress!	business	0736	2.99	10,125.00	24
BU7832	Straight Talk About Computers	business	1389	19.99	5,000.00	10
MC2222	Silicon Valley Gastronomic Treats	mod_cook	0877	19.99	0.00	12
MC3021	The Gourmet Microwave	mod_cook	0877	2.99	15,000.00	24

titles表

title	price	
The Busy Executive's Database Guid	19.99	Algodata Infosystems
Cooking with Computers: Surreptitiou	11.95	Algodata Infosystems
You Can Combat Computer Stress!	2.99	New Moon Books

视图

pub_id	pub_name	city
0736	New Moon Books	Boston
0877	Binnet & Hardley	Washington
1389	Algodata Infosystems	Berkeley
1622	Five Lakes Publishing	Chicago
1756	Ramona Publishers	Dallas

publishers表

图 6－1　视图应用示例

6.1.2 视图的作用

(1)提供各种数据表现形式。"看到的就是需要的",在视图中可以使用各种不同的方式将基表的数据显示给用户,以符合用户的使用习惯。如不同的用户使用不同的名称表示同一个列、用不同的格式显示同一个列等。

(2)提供简单性操作。视图不仅可以简化用户对数据的理解,也可以简化操作。那些被经常使用的查询可以被定义为视图,从而使得用户不必为以后的操作每次指定全部的条件,直接对这个视图进行简单查询即可获得结果。

(3)提供某些安全性保证。通过视图用户只能查询和修改他们所能见到的数据。数据库中的其他数据则既看不见也取不到。数据库授权命令可以使每个用户对数据库的检索限制到特定的数据库对象上,但不能授权到数据库特定行和特定的列上。通过视图,用户的操作可以被限制在数据的不同子集,如基表行的子集、基表列的子集、基表的行和列的子集、多个基表连接所限定的行、基表中数据的统计汇总及另一视图的一个子集,或是一些视图和基表合并后的子集等。

(4)提供数据逻辑独立性。视图可以使应用程序和数据库表在一定程度上独立,从而帮助用户屏蔽真实表结构变化带来的影响。如果没有视图,应用一定是建立在表上的。有了视图之后,程序可以建立在视图之上,从而程序与数据库表被视图分割开来。视图可以在表6-1几个方面使程序与数据独立。

表6-1 数据库与视图之间的关系

应用建立地	变化的对象	操　作	保持不变的对象
数据库表	数据库表发生变化	在表上建立视图	应用程序不变
数据库表	应用发生变化	在表上建立视图	数据库表不变
视图	数据库表发生变化	在表上修改视图	应用程序不变
视图	应用发生变化	在表上修改视图	数据库表不变

(5)执行某些操作必须借助视图。某些查询必须借助视图才能完成。比如,某个查询需要连接一个分组统计后的表和另一个表,可以先基于分组统计的结果创建一个视图,然后对这个视图和另一个表进行连接查询。

(6)简化用户权限的管理。可以将视图的权限授予给用户,以代替将基表中某些列的权限授予给用户。这样不仅简化了用户权限的定义,并且在修改基表的同时,用户仍然可以使用视图而不受影响。

6.2 创建视图

创建视图使用 CREATE VIEW 语句。在用户自己的方案中创建视图,需要 CREATE VIEW 系统权限,在其他用户的方案中创建视图则需要 CREATE ANY VIEW 系统权限。可以直接或者通过关键角色获得这些权限。视图的拥有者必须被明确授予访问在视图定义中所参考的所有基础对象的权限。视图的功能取决于视图拥有者的权限。例如,如果视图拥有者只具有 PRODUCTS 表的 SELECT 权限,那么此视图只能浏览 PRODUCTS 表,而不能进行插入、更新和删除等操作。如果视图的拥有者想将权限授予给其他用户,视图的拥有者必须具有基础对象的带有 GRANT OPTION 的对象权限,或者带有 ADMIN OPTION 的系统权限。另外,在定义视图的查询中不能包含 FOR UPDATE 字句。

CREATE VIEW 语句的语法如下:

CREATE[OR REPLACE][FORCE]VIEW

[Schema.]view_name

[(column1,column2,...)]

AS SELECT...

［WITH CHECK OPTION］［CONSTRAINT constraint_name］

［WITH READ ONLY］;

其中,

(1)OR REPLACE,表示如果存在同名视图,则使用新视图取代原有的视图。

(2)FORCE,表示强制创建视图,不管基表是否存在,也不管是否具有基表的权限。

(3)view_name,表示视图的名称。

(4)column1,column2,...,表示视图的列名。列名的个数必须与子查询中的列数相等。如果在视图中不指定列名,则使用子查询的列名。如果在子查询中使用了函数或表达式,则必须为其指定列名。

(5)AS SELECT...,表示创建视图的子查询。子查询中不能包含 FOR UPDATE 子句。

(6)WITH CHECK OPTION,表示在视图中检查子查询的约束条件,默认情况下,不检查约束条件。

(7)CONSTRAINT constraint_name,表示在使用了 WITH CHECK OPTION 选项时指定约束条件的名称,如果没有指定,系统将自动生成一个以 SYS_C 开头的约束名字。

(8)WITH READ ONLY,表示视图只能用于查询,而不能用于更新数据。在创建视图时,子查询是否正确是决定视图能否成功创建的关键,所以,应该先测试子查询是否正确。

6.2.1　创建简单视图

所谓简单视图是指基于单个表,且不包含函数、表达式和分组数据的视图。下面我们以创建一个基于 PRODUCTS 表的简单视图为例。

(1)在 OEM 中,打开 SCOTT 方案,右键单击"视图"项,选择"创建...",如图 6-2 所示。

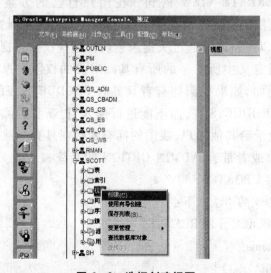

图 6-2　选择创建视图

（2）出现创建视图的界面,在"一般信息"标签中输入视图名称 V_PRODUCTS 以及查询文本,如图6-3。

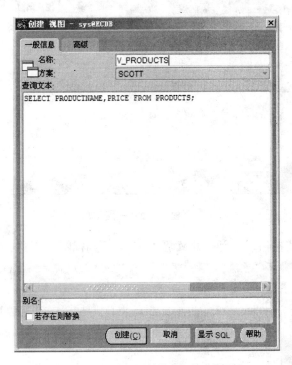

图6-3 创建视图的"一般信息"标签

（3）此外,也可以在 SQL Plus 中执行以下 SQL 代码也可创建该视图:

SQL > CREATE VIEW v_products AS SELECT productname,price FROM products;
View created

（4）在 SQL Plus 中执行以下 SQL 代码就可以查询视图数据:

SQL > SELECT FROM v_products;

PRODUCTNAME	PRICE
TCL 液晶电视	7000

6.2.2 创建连接视图

所谓连接视图是指基于多个表的视图,即创建视图的子查询是一个连接查询。下面创建一个连接 CATEGORY 表和 PRODUCTS 表的连接视图。

（1）在 OEM 中,打开 SCOTT 方案,右键单击"视图"项,选择"创建…",如图6-2所示。出现创建视图的界面,在"一般信息"标签中输入视图名称和查询文本。此视图将PRODUCTS 和 CATEGORY 连接起来,取出某个商品名及其所述类型的名字,如图6-4。

图 6-4　创建视图的"一般信息"标签

（2）点击"创建"按钮后，返回 OEM 界面，可以看到视图创建成功的结果，如图 6-5。

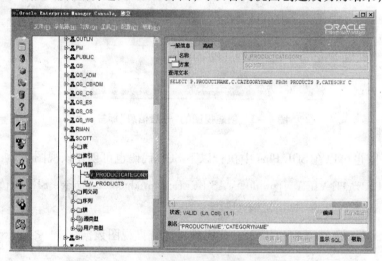

图 6-5　视图创建成功后的结果

（3）在 SQL Plus 中执行以下 SQL 代码也可创建该视图：

SQL > CREATE VIEW v_productscategory AS SELECT p. productname, c. categoryname
FROM products p, category c;
View created

（4）在 SQL Plus 中执行以下 SQL 代码也可查看该视图：

SQL > SELECT * FROM v_productscategory;
PRODUCTNAME　　　　　CATEGORYNAME
--------------------　　--------------------
TCL 液晶电视　　　　　电器类

6.2.3 创建复杂视图

所谓复杂视图是指包含函数、表达式或分组数据的视图。复杂视图只能用于查询数据而不能更新数据。下面创建一个基于 PRODUCTS 表的复杂视图,按商品类别名称统计每种商品的数目,并显示商品种类名字。

创建此视图之前,向 PRODUCTS 表和 CATEGORY 表中增加的示例数据如图 6 - 6 和图 6 - 7 所示。

PRODUCTID	CATEGORYID	PRODUCTNAME	PRICE	QUANTITY	ADDRESS	FEE	PICTURE	SALE_BEGIN
100000	1000003	TCL液晶电视	7000	100	TCL惠州工业园	200		20-四月 -2009 09:48
100001	1000003	海尔液晶电视	6200	130	青岛海尔工业园	150		01-一月 -2003 02:37
100002	1000003	格力空调	2300	100	东莞	100		01-一月 -2009 02:39
100003	1000001	中华健齿牙膏	3.3	300	上海	1		01-一月 -2009 02:40
100004	1000001	雕牌透明皂	2	1000	杭州	1		01-一月 -2009 02:41
100005	1000002	意高塑封机	370	20	上海	200		01-一月 -2009 02:54
100006	1000002	管森文票打印机	2480	30	北京	100		01-一月 -2009 02:54
100007	1000002	管森点钞机	840	20	广州	50		01-一月 -2009 02:54

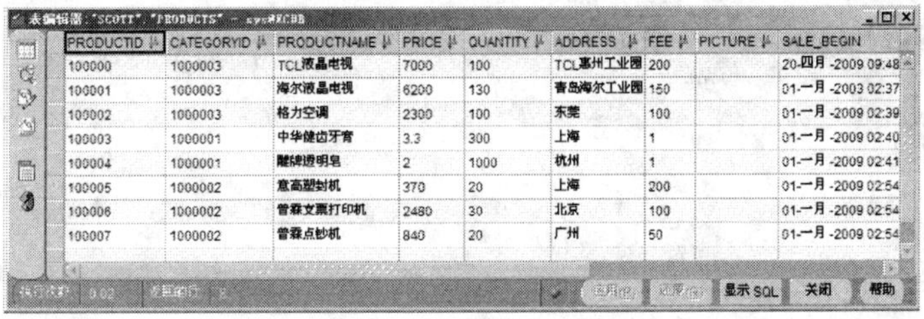

图 6 - 6　PRODUCTS 表里保存的示例数据

CATEGORYID	PCATEGORYID	CATEGORYNAME	描述
1000001		日用品类	
1000002		办公用品类	
1000003		电器类	

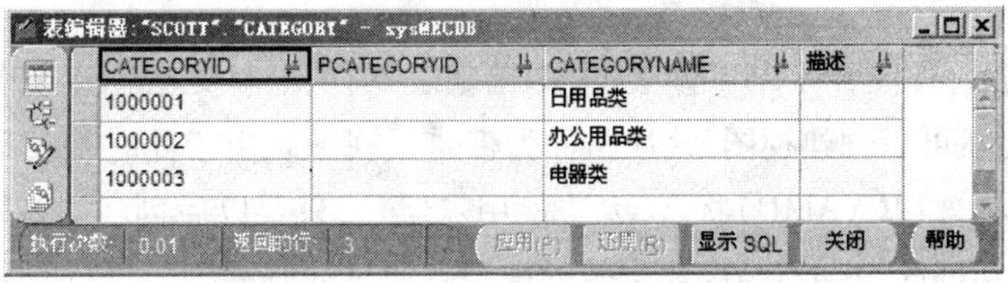

图 6 - 7　CATEGORY 表里保存的实例数据

下面开始使用上述实例数据创建复杂视图:

(1)在 OEM 中,打开 SCOTT 方案,右键单击“视图”项,选择“创建 ...”,如图 6 - 2 所示。出现创建视图的界面,在“一般信息”标签中输入视图名称和查询文本,如图 6 - 8 所示。

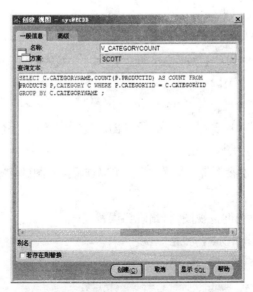

图 6 - 8　创建视图的“一般信息”标签

（2）在 SQL Plus 中执行以下代码也可创建该视图：

```
SQL > CREATE VIEW v_categorycount AS SELECT c. categoryname,
count(p. productid) AS COUNT FROM products p, category c
WHERE p. categoryid = C. CATEGORYID GROUP BY c. categoryname;
View created
```

（3）在 SQL Plus 中执行以下代码也可查看该视图数据：

```
SQL > SELECT * FROM v_categorycount;
CATEGORYNAME        COUNT
--------------------    ----------
办公用品类            3
电器类               3
日用品类              2
```

6.2.4　创建强制视图

一般情况下，视图都是基于基表的，如果基表不存在，将无法创建视图。但是，使用 FORCE 选项仍然可以创建视图，该视图称为带错误视图。由于此时基表不存在，所以创建的视图处于无效（INVALID）状态，无法使用。但是，只要以后创建了基表，Oracle 会在相关的视图被访问时自动重新编译失效的视图。通过强制视图，可以使得基表的创建和修改与视图的创建和修改无关，这样便于工作同步，提高应用的灵活性和效率。

下面通过一个例子看看强制视图的用法。

（1）创建一个基于店铺表 STORE 和店铺类型表 STYPE（两基表都还没有创建）的视图 V_STORE_TYPE 用来显示店铺名称、类比名和店铺描述。

在 SQL Plus 中执行以下代码：

```
SQL > CREATE FORCE VIEW v_store_type(sname, stype, description)
AS SELECT s. sname, t. typename, s. description FROM store s, stype t
WHERE s. typeid = t. typeid;
Warning: View created with compilation errors
```

由于 STORE 和 STYPE 表都不存在，所以创建视图失败；如果使用 FORCE 选项，将可以完成创建，但是会发生编译错误。

（2）可以看到，创建的视图带有编译错误。可以查看该视图的状态为无效（INVALID），如图 6-9 所示。

（3）在 SQL Plus 中查询该视图，将出现错误：

```
SQL > SELECT * FROM v_store_type;
SELECT * FROM v_store_type
ORA - 04063: view "scott. v_store_type" 有错误
```

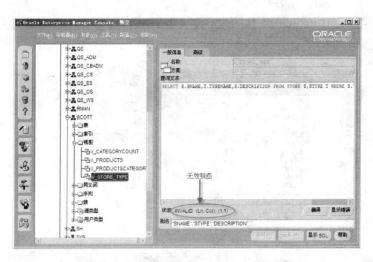

图 6 – 9　V_STORE_TYPE 强制视图的状态信息

(4)在 SQL Plus 中执行以下代码创建店铺表 STORE 和店铺类型表 STYPE,再查询
V_STORE_TYPE 视图,就不会再有错误提示。

创建店铺类型表 stype:

```
CREATE TABLE stype(
typeid                NUMBER(10)                    NOT NULL,
typename              VARCHAR2(32),
description           VARCHAR2(1024),
CONSTRAINT   pk_stype primary key typeid)
);
```

创建店铺表 store:

```
CREATE TABLE store(
storeid               NUMBER(10)                    NOT NULL,
typeid                NUMBER(10),
sname                 VARCHAR2(64),
slogo                 VARCHAR2(64),
opendate              DATE,
description           VARCHAR2(1024),
address               VARCHAR2(64),
bulletin              VARCHAR2(1024),
rules                 VARCHAR2(1024),
CONSTRAINT   pk_store primary key storeid( )
);
ALTER TABLE store
ADD CONSTRAINT fk_store_reference_stype foreign key(typeid)
REFERENCES stype(typeid);
```

（5）在如图6-10所示界面中，单击"编译"按钮后，可以发现该视图的状态变成了有效（VALID）。

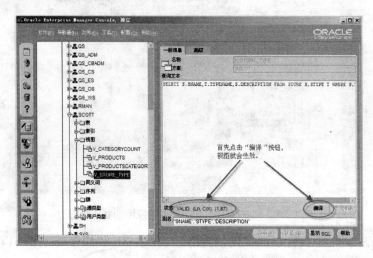

图6-10　V_STORE_TYPE视图的状态信息

6.3　修改视图

视图创建后，可以根据需要进行修改。由于视图只是一个虚表并无数据，所以对视图的修改只会改变数据字典中对该视图的定义，而不会影响其基表。如果旧视图中具有WITH CHECK OPTION选项，但重定义时没有使用该选项，则以后面的设置为准。此外修改视图后，依赖该视图的所有视图和PL/SQL程序都将变为无效（INVALID）。

6.3.1　重定义视图

对于已经创建的视图，要对其进行修改，可以先删除该视图，然后再重新创建。但是这样做，原来视图上的权限必须重新设置。更简单的方法是使用带OR REPLACE选项的CREATE VIEW语句创建一个与原视图同名的视图，这样可以保留原视图上的各种权限，但与该视图相关的存储过程和视图会失效。

下面修改6.2.1节中创建的"PRODUCTS数据表视图"。

（1）在SQL Plus中执行以下代码重新创建v_products：

```
SQL > CREATE VIEW v_products
AS SELECT productname, price, quantity FROM products;
CREATE VIEW v_products AS SELECT productname, price, quantity FROM products;
ORA - 00955：名称已由现有对象使用
```

由于已经存在v_products，因此使用不带OR REPLACE选项的CREATE VIEW语句时,会出现重名的错误提示。要重定义 v_products 只需在 CREATE VIEW 语句中加上 OR REPLACE 选项即可。

> SQL > CREATE OR REPLACE VIEW v_products AS SELECT
> productname, price, quantity FROM products;
> View created

(2)在 SQL Plus 中执行以下代码查询 V_PRODUCS 的结果:

```
SQL > SELECT  *  FROM v_products;
```

PRODUCTNAME	PRICE	QUANTITY
TCL 液晶电视	7000	100
海尔液晶电视	6200	130
格力空调	2300	100
中华健齿牙膏	3.3	300
雕牌透明皂	2	1000
意高塑封机	370	20
普霖支票打印机	2480	30
普霖点钞机	840	20

6.3.2　编译视图

当视图所依赖的基表发生改变后,视图会失效。Oracle 在这些失效的视图被访问时会自动重新编译它们,也可以使用 ALTER VIEW 语句来编译视图。下面通过一个例子来看看编译视图的作用。

(1)先查询 v_products 的状态,此时为 VALID 状态,如图 6 – 11 所示。

图 6 – 11　v_products 状态

（2）在 SQL Plus 中执行以下 SQL 代码修改 v_products 的基表 PRODUCTS，将 productname 列的长度从32位改成64：

> SQL > ALTER TABLE products modify(productname VARCHAR2(64)) ;
> Table altered

（3）再查询 v_products 视图的状态，此时为 INVALID 状态，如图 6 – 12 所示。

图 6 – 12　v_products 视图状态

（4）点击"编译"按钮，v_products 视图的状态变为 VALID，如图 6 – 13 所示。

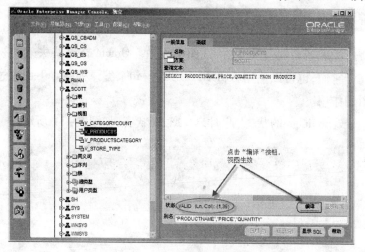

图 6 – 13　v_products 视图状态

（5）或者在 SQL Plus 中执行以下代码编译 v_products 视图，再查询 v_products 视图的状态，此时为 VALID 状态：

> SQL > ALTER VIEW v_products COMPILE ;
> View altered

6.3.3　删除视图

当视图不再需要时,可以使用 DROP VIEW 语句删除视图。用户可以删除当前模式下的所有视图。如果要删除其他模式中的视图,则需要具有 DROP ANY VIEW 系统权限。当视图被删除后,所有引用该视图的视图及存储过程等都会失效。

例如删除 v_products:

(1)在 OEM 中,选择要删除的视图,右键单击该视图项,在快捷菜单中选择"移去",如图 6 – 14。

图 6 – 14　删除视图

(2)在 SQL Plus 中执行以下代码,也可以删除视图:

```
SQL > DROP VIEW v_products;
View dropped
```

6.4　通过视图更新数据

视图是一个虚表,所有在视图上进行的操作,最终都是在基表上完成的。对视图可以进行任何查询操作,但是如果要对视图进行更新(如 UPDATE、INSERT、DELETE)操作,则会有一定限制，并不是所有对视图的更新都能成功。

6.4.1 更新简单视图

简单视图是基于一个基表的，如果在简单视图中包含基表的键（主键、唯一键），我们就可以在这个视图上进行更新操作，从而达到更新其基表的功能。下面通过一个例子看看如何更新简单视图。

（1）在 SQL Plus 中执行以下代码创建一个基于 PRODUCS 表的简单视图，此简单视图必须包含 PRODCUTS 的 productid 列：

```
SQL > CREATE OR REPLACE VIEW v_products AS SELECT
productid, productname, price, quantity FROM products;
View created
```

（2）在 SQL Plus 中执行以下代码往 V_PRODUCTS 视图中插入一条新记录：

```
SQL > INSERT INTO v_products values(100008,'中控 X618 指纹考勤机',1680,400);
1 row inserted
SQL > COMMIT;
Commit complete
```

（3）在 OEM 中查询 PRODUCTS 表，会发现如图 6－15 PRODUCTS 表中将增加这条记录：

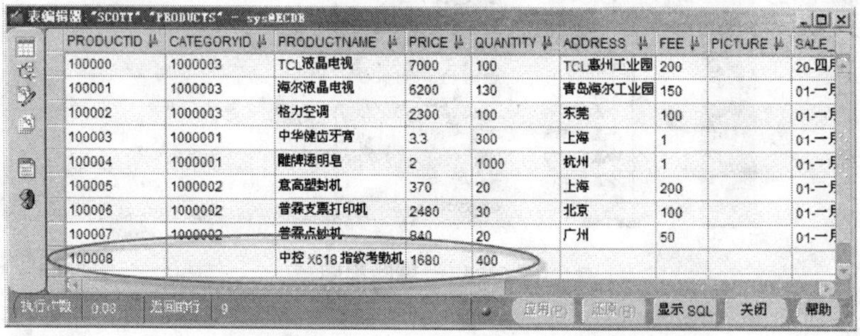

PRODUCTID	CATEGORYID	PRODUCTNAME	PRICE	QUANTITY	ADDRESS	FEE	PICTURE	SALE_
100000	1000003	TCL液晶电视	7000	100	TCL惠州工业园	200		20-四月
100001	1000003	海尔液晶电视	6200	130	青岛海尔工业园	150		01-一月
100002	1000003	格力空调	2300	100	东莞	100		01-一月
100003	1000001	中华健齿牙膏	3.3	300	上海	1		01-一月
100004	1000001	雕牌透明皂	2	1000	杭州	1		01-一月
100005	1000002	意高塑封机	370	20	上海	200		01-一月
100006	1000002	普霖支票打印机	2480	30	北京	100		01-一月
100007	1000002	普霖点钞机	840	20	广州	50		01-一月
100008		中控 X618 指纹考勤机	1680	400				

图 6－15 PRODUCTS 表通过 v_products 视图新增记录

注意，通过视图往基表里插入数据时，基表中不能为空的列（即 NOT NULL）必须包含在视图中（比如 PRODUCTS 表中的 productid 列），否则通过视图往表里插入数据会失败。

6.4.2 更新连接视图

6.4.2.1 更新连接视图的条件

连接视图是基于多个基表的，对它的更新比较复杂，并不是所有的更新都能实现。如果在连接视图的子查询中满足以下条件，则该连接视图可以更新：

（1）不包含 DISTINCT 关键字。

（2）不包含集合运算符，如 UNION、INTERSECT、MINUS 等。

（3）不包含 GROUP BY、ORDER BY、CONNECT BY 或 START WITH 子句。

（4）不包含子查询。

（5）不包含分组函数。

（6）更新列不是由列表达式定义的。

（7）视图中包含所有 NOU NULL 列。

以上条件只是基本要求，除此之外，还需要遵守更新准则，如只能对键值保存表进行更新。

6.4.2.2 键值保存表

键值保存表的概念是理解更新连接视图限制的基础。所谓键值保存表指的是，如果连接视图中包含一个基表的键（主键、唯一键），那么这个基表就是键值保存表。尤其是，键值保存表中的主键仍然是连接视图的主键。下面通过一个例子来说明键值保存表的概念。

（1）在 SQL Plus 中执行以下代码创建 category 表和 PRODUCTS 表。

```
CREATE TABLE category(
categoryid              NUMBER(10)                  NOT NULL,
pcategoryid             NUMBER(10),
categoryname            VARCHAR2(32),
description             VARCHAR2(512),
CONSTRAINT   pk_category primary key(categoryid)
);
CREATE TABLE products(
productid               NUMBER(10)                  NOT NULL,
categoryid              NUMBER(10),
productname             VARCHAR2(32),
price                   FLOAT,
quantity                FLOAT,
address                 VARCHAR2(64),
fee                     FLOAT,
picture                 VARCHAR2(32),
sale_begin              DATE,
sale_end                DATE,
description             VARCHAR2(512),
status                  CHAR(1),
```

```
repairCHAR(1),
paymentCHAR(1),
CONSTRAINT   pk_products primary key(productid),
CONSTRAINT   ch_status check(status in('y','n'))
);
ALTER TABLE products
ADD CONSTRAINT fk_products_reference_category foreign key(categoryid)
REFERENCES category(categoryid);
```

(2)下面在 SQL Plus 中执行以下代码查询 v_productscategory 视图：

```
SQL > CREATE OR REPLACE VIEW v_productscategory
AS SELECT p. productid,p. productname,c. categoryid,c. categoryname
FROM products p,category c WHERE p. categoryid = c. categoryid
View created
```

通过 OEM 查询 v_productscategory 视图的结果,如图 6－16。

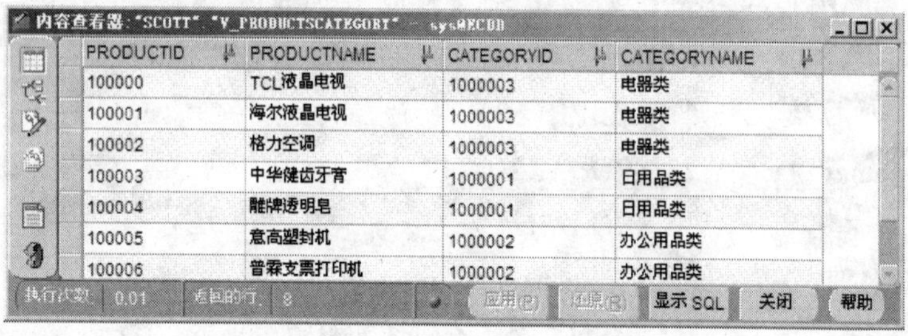

PRODUCTID	PRODUCTNAME	CATEGORYID	CATEGORYNAME
100000	TCL液晶电视	1000003	电器类
100001	海尔液晶电视	1000003	电器类
100002	格力空调	1000003	电器类
100003	中华健齿牙膏	1000001	日用品类
100004	雕牌透明皂	1000001	日用品类
100005	意高塑封机	1000002	办公用品类
100006	普霖支票打印机	1000002	办公用品类

图 6－16　v_productscategory 视图保存内容

(3)在视图中,productid 列是 PRODUCTS 表的主键,在 v_productscategory 视图中仍然可以作为主键;categoryid 列是 CATEGORY 表的主键,但在 v_productscategory 视图中就不能作为主键了(有重复值)。因此,对于 v_sales_prov_productscategory 视图来说,PRODUCTS 表是键值保存表,而 CATEGORY 表不是键值保存表。对于连接视图来说,一般子表是键值保存表,而父表不是。

执行视图数据插入如下：

```
SQL > INSERT INTO v_productscategory(productid,productname)values(100009,'美的空调');
1 row inserted
SQL > COMMIT;
Commit complete
```

(4)在 OEM 中查看数据新增结果,查看 PRODUCTS 表,如图 6－17。

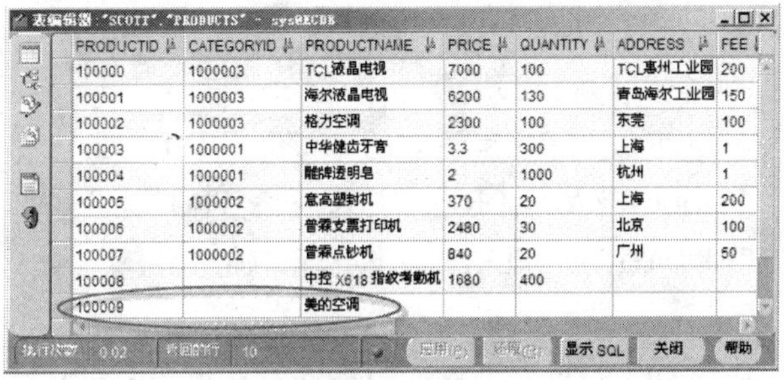

图 6－17 通过视图向 PRODUCTS 表插入数据

6.4.2.3 连接视图的更新准则

表 6－2 连接视图的更新准则

准 则	说 明
一般准则	一次只能对连接视图的一个键值保存表进行更新
INSERT 准则	只能使用在连接视图中定义过的列;不能显式或隐含地引用任何非键值保存表中的列;连接视图中必须包含键值保存表中的所有设置了约束条件的列,否则会由于无法使用这些列而不能提供满足约束条件的数据,从而导致插入记录失败;在定义连接视图时不能使用 WITH CHECK OPTION 选项,否则无法在连接视图中插入记录
UPDATE 准则	连接视图中映射到键值保存表中的列可以修改;在定义连接视图时不能使用 WITH CHECK OPTION 选项,否则无法在连接视图中修改所有的连接列和多个基表中共有的列
DELETE 准则	如果连接视图中的一条记录是它的一个键值保存表中的一条记录,那么该记录可以删除;在定义连接视图时即使使用了 WITH CHECK OPTION 选项,也不会妨碍删除操作

从表 6－2 连接视图的更新准则中可以看出,如果创建视图时使用了 WITH CHECK OPTION 选项,通过连接视图修改基表的数据是不可能的。

```
SQL > CREATE VIEW v_productscategory_status( productid, productname, categoryid,
categoryname, status)
AS SELECT p. productid, p. productname, p. categoryid, c. categoryname, p. status
FROM produsts p, categpru c WHERE p. categoryid = c. categoryid;
View created
```

再使用与上面相同的查询子句创建视图 V_PRODUCTSCATEGORY_WITHCHECK,只不过加上 WITH CHECK OPTION 选项。

```
SQL > CREATE VIEW v_productscategory_withcheck( productid, productname,
categoryid, status, categoryname)
AS SELECT p. productid, p. productname, p. categoryid, p. status, c. categoryname
FROM products p, category c
```

> WHERE p. categoryid = c. categoryid
>
> WITH CHECK OPTION;
>
> View created

注意,上述代码是从 PRODUCTS 表里取的 CATEGORYID 列。

下面以 VIEW V_PRODUCTSCATEGORY_STATUS 和 V_PRODUCTSCATEGORY_WITHCHECK 视图为例,解释 INSERT、UPDATE 和 DELETE 三类更新准则的用法。

(1)一般准则

INSERT、UPDATE 和 DELETE 三类操作只能针对在视图中定义过的列。如果下面在 SQL Plus 中执行以下 SQL 代码插入一条记录,由于 INSERT 语句中包括了在视图中没有定义的 PRICE 列(PRODUCTS 的 PRICE 列),将出现错误:

> SQL > INSERT INTO v_productscategory(productid,categoryid,productname,price)
> values(100009,'高露洁草本牙膏',3.5);
>
> INSERT INTO v_productscategory (prodictid, categoryid, productname, price) values
> (100009,100001,'高露洁草本牙膏',3.5)ora - 00904: "price": 无效的标识符

(2)INSERT 准则

在 SQL Plus 中执行以下代码插入一条记录:

> SQL > INSERT INTO v_productscategory_status (productid, categoryid, productname,
> status) values(100010,100001,'高露洁草本牙膏','y');
>
> 1 row inserted
>
> SQI > commit;
>
> Commit complete

在 SQL Plus 中执行以下代码查看 v_productscategory_status 视图,可以发现,新记录已插入:

> SQL > SELECT productid,productname,status FROM products;
>
> | productid | productname | status |
> | --- | --- | --- |
> | ---------- | ---------------,---- | ------- |
> | 100010 | 高露洁草本牙膏 | y |

该记录之所以能插入成功,是因为它只对一个键值保存表进行操作,并且提供了 PRODUCTS 表中各个设置了约束的列(如 status 列的 check 约束)所需的值。

但是通过另一个视图 v_productscategory_withcheck 来插入数据,则无法新增数据。

> SQL > INSERT INTO v_productscategory_withcheck(productid,categoryid,
> productname,status) values(100011,100001,'立白洗衣粉','y');
>
> INSERT INTO v_productscategory_withcheck (productid, categoryid, productname,
> status, status) values(100011,100001,'立白洗衣粉','y')
>
> ora - 01733: 此处不允许虚拟列

由于 v_productscategory_withcheck 视图在创建时带有 WITH CHECK OPTION 选项，因此即使符合 PRODUCTS 的 CHECK 约束，也不能插入数据，会发生 ORA – 01733 错误。

在 SQL Plus 中执行以下的 INSERT 语句将失败，因为它违法了 PRODUCTS 表中 status 列的 CHECK 约束，因为 status 列只能输入 Y 或 N。

```
SQL > INSERT INTO v_productscategory_status
( productid, productname, status) values( 100012, '雕牌透明皂', 'p');
INSERT INTO v_productscategory_status
( productid, productname, status) values( 100012, '雕牌透明皂', 'p')
ora – 02290：违反检查约束条件( scott. ch_status)
```

（3）UPDATE 准则

通过 v_productscategory 视图（无 WITH CHECK OPTION 选项），在 SQL Plus 中执行以下的 UPDATE 语句将成功修改视图：

```
SQL > UPDATE v_productscategory_status SET categoryid = 100003
WHERE productid = 100010;
1 row updated
SQL > COMMIT;
commit complete
```

可见没有 WITH CHECK OPTION 的视图是可以修改两基表共有列数据的。

如果通过 v_productscategory_withcheck 来更新两基表链接列或共有列，比如 categoryid 列的数据则会失败：

```
SQL > UPDATE v_productscategory_withcheck SET
categoryid = 100003
WHERE productid = 100010;
UPDATE v_productscategory_withcheck SET categoryid = 100003
WHERE productid = 100010
ora – 01733：此处不允许虚拟列
```

可见，通过拥有 WITH CHECK OPTION 的视图更新两基表共有的列 categoryid 会报错。

（4）DELETE 准则

通过 v_productscategory_withcheck 视图（即拥有 WITH CHECK OPTION 的视图）也可以在 SQL Plus 中执行以下的语句成功删除记录：

```
SQL > DELETE FROM v_productscategory_withcheck WHERE productid = 100010;
1 row deleted
SQL > COMMIT;
Commit complete
```

根据上述执行结果来看,记录已被删除。因为 PRODUCTS 表是 v_productscategory_withcheck 视图的一个键值保存表,上述语句使用 productid 作为查询条件删除数据,因此能够完成。另外,在有多个键值保存表的情况下,仍然能够对自动连接视图进行删除操作。

6.5　查看视图

6.5.1　使用 OEM 查看视图信息

在 OEM 中查看视图非常简单,和创建视图的界面类似。在 OEM 中,选择要查看的视图,右键单击该视图项,在快捷菜单中选择"查看/编辑详细资料...",如图 6-18 所示。

图 6-18　打开视图的详细资料

出现该视图的详细信息,如图 6-19。

图 6-19　视图的详细资料

6.5.2 使用数据字典视图查看视图信息

与视图相关的数据字典视图及描述见表6-2。

表6-2 与视图相关的数据字典视图及描述

视 图	说 明
DBA_VIEWS	DBA视图描述数据库中的所有视图
ALL_VIEWS	ALL视图描述用户可访问的所有视图
USER_VIEWS	USER视图描述用户拥有的视图
DBA_TAB_COLUMNS	这些视图描述数据库中的视图的列,其中某些列包含有 DBMS_STATS包或ANALYZE语句产生的统计数据
ALL_TAB_COLUMNS	
USER_TAB_COLUMNS	
DBA_UPDATABLE_COLUMNS	显示所有表及视图中所有可修改的列
ALL_UPDATABLE_COLUMNS	显示用户可访问的所有表及视图中所有可修改的列
USER_UPDATABLE_COLUMNS	显示用户模式中所有表及视图中所有可修改的列

(1)查看所有视图

在创建视图时,Oracle会将视图的定义信息存放在数据字典中,可以通过查询数据字典视图 DBA_VIEWS、ALL_VIEWS 和 USER_VIEWS 来查看。执行 DESC USER_VIEWS 语句可以查看 USER_VIEWS 视图的结构,见表6-3。

表6-3 USER_VIEWS 视图结构

字段名	类 型	是否为空
VIEW_NAME	VARCHAR2(30)	NOT NULL
TEXT_LENGTH	NUMBER	
TEXT	LONG	
TYPE_TEXT_LENGTH	NUMBER	
TYPE_TEXT	VARCHAR2(4000)	
OID_TEXT_LENGTH	NUMBER	
OID_TEXT	VARCHAR2(4000)	
VIEW_TYPE_OWNER	VARCHAR2(30)	
VIEW_TYPE	VARCHAR2(30)	
SUPERVIEW_NAME	VARCHAR2(30)	

(2)在 SQL Plus 中执行以下代码可查看当前方案中的全部视图信息:

```
SQL > SELECT view_name,text FROM user_views WHERE view_name = 'V_PRODUCTS';
VIEW_NAME        TEXT
----------------  -------
V_PRODUCTS       SELECT PRODUCTID,PRODUCTNAME,PRICE,QUANTITY FROM
                 PRODUCTS
```

该数据字典各列的含义如下：

- VIEW_NAME：表示视图名；
- TEXT：表示创建该视图的子查询。

（3）查看视图的列信息

创建视图时，需要指定相应的表列。通过查询数据字典视图 dba_tab_columns、all_tab_columns 和 user_tab_columns 可以查看视图的列信息。在 SQL Plus 中执行以下代码可查看"PRODUCTS 复杂视图"的列信息。

```
SQL > SELECT column_name , nullable , data_length , data_type
FROM user_tab_columns
WHERE table_name = 'V_PRODUCTS';
```

COLUMN_NAME	NULLABLE	DATA_LENGTH	DATA_TYPE
PRODUCTID	N	22	NUMBER
PRODUCTNAME	Y	32	VARCHAR2
PRICE	Y	22	FLOAT
QUANTITY	Y	22	FLOAT

其中，

（1）COLUMN_NAME，表示列名；

（2）NULLABLE，表示该列是否能为空值，Y 表示可以为空，N 表示不能为空；

（3）DATA_LENGTH，表示该列的数据类型；

（4）DATA_TYPE，表示该列的长度。

6.5.3 使用对象报告查看视图信息

（1）在 OEM 中右键单击要查看的视图，如 v_productscategory_withcheck 视图项，在弹出的快捷菜单中选择"对象报告..."，如图 6－20。

（2）出现如图 6－21 所示的界面，选择报告类型为 HTML 网页方式。

（3）单击"确定"，会将该报告以 HTML 格式保存在磁盘上。确定保存之前可以先点击"查看..."，将打开这个页面文件，如图 6－22。

可以通过超级链接查看"PRODUCTS 复杂视图"的各种信息，如一般信息、高级、对象定义等内容。

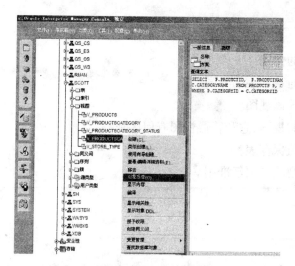

图 6-20　选择查看对象报告

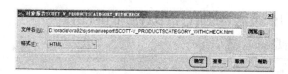

图 6-21　选择对象报告格式

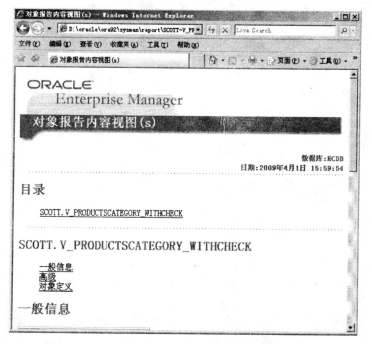

图 6-22　v_productscategory_withcheck 视图的对象报告

练习题

1. 简述视图的作用。
2. 比较视图与基本表的异同。
3. 何时需要编译视图？
4. 什么是强制视图，它和普通视图有何区别？
5. 什么是键值保存表？
6. 简述连接视图的更新准则。

上机实习

1. 建立基于销售表 store 和商品表 stype 的视图，包括简单视图、复杂视图、连接视图和强制视图。
2. 更新连接视图，包括 INSERT、UPDATE 和 DELETE。
3. 查看视图信息。

Oracle编程

【本章要点】
- PL/SQL(Procedure Language/SQL)模块式过程化 SQL 简介
- PL/SQL 语句块
- 表达式及运算符
- Oracle 函数

【学习要求】
- 掌握 PL/SQL 的基本语法
- 掌握 Oracle 系统函数

7.1 PL/SQL 简介

数据库应用程序一般使用客户/服务器模型构建。在该模式下,驻留在客户端的应用程序使用 SQL 语句向数据库服务器发送服务请求,等待分析执行,然后再将结果返回至客户端。这种模式一次只能处理一条 SQL 语句,每处理一条 SQL 语句就要求调用一次服务器,这使得网络通信过于频繁,降低了系统的性能。PL/SQL(Procedure Language/SQL)语言是对 SQL 语言的扩充,通过 PL/SQL 语言可以将几个 SQL 语句合并为一个 PL/SQL 块发送给服务器进行执行和处理,有利于减少网络通信流量,提高应用程序执行速度。

PL/SQL 即模块式的过程化 SQL 语言,是 Oracle 对 SQL 语言的过程化扩充。PL/SQL 将变量、控制结构,过程和函数等结构化程序设计的要素引入到 SQL 语言中,实现过程化结构和 SQL 的无缝集成,为用户提供了一种功能强大的结构化程序设计语言。

PL/SQL 语言具有如下特点:

(1)结构模块化:PL/SQL 的基本单元是块。所有的程序都是由语句块构成的,块与块之间可以相互嵌套。每一语句块单独完成程序中某单元的工作。

(2)定义标识符:可定义 SQL 和过程化语句中使用的变量、常量、游标和接单数据类型。

（3）错误处理：可使用 EXCEPTION 处理服务器和用户自定义的错误。

（4）性能改善：可以根据执行环境的改变而改善应用性能。

（5）可移植性：可以在运行 Oracle 的操作系统中移植并支持所有 SQL 数据操作命令。

（6）安全性能高，可使用 Oracle 数据工具管理存储在服务器中的 PL/SQL 程序的安全性并具有授权或撤销数据库其他用户访问 PL/SQL 程序的能力。

（7）支持面向对象程序设计。

7.2　PL/SQL 语句块

7.2.1　PL/SQL 块的结构

PL/SQL 程序的基本单元是语句块。一个 PL/SQL 通常包含了一个或多个语句块，每一个语句块对应于一个要解决的问题或子问题。一个 PL/SQL 块可以划分为三个部分：DECLARE 声明部分；BEGIN 语句执行部分；EXCEPTION 异常处理程序部分。

（1）声明部分。包括了可执行部分中调用的所有变量、常量、函数、游标和用户自定义的例处理。声明部分一般以 DECLARE 开始，所有要用到的对象在使用之前必须定义。如果不需要声明变量或常量，此部分可以省略。

（2）执行部分。包括对数据库中进行操作的 SQL 语句以及对块中的语句进行组织和控制。执行部分一般以 BEGIN 开头，END 结束。此部分在块中唯一，并且不可缺少，必须存在于 PL/SQL 块中。

（3）异常处理部分。是对可执行部分中的语句，在执行过程中出错、出现非正常现象时所进行的及时处理。异常处理部分一般以 EXCEPTION 开头，该部分也可以省略。

PL/SQL 中的各部分关键字 DECLARE、BEGIN、EXCEPTION 不必用分号（;）结束，但 END 和其他的 PL/SQL 语句都要以分号（;）结束。在 PL/SQL 块中，可以一行中出现多个 SQL 语句，它们之间用分号隔开；也可以将一条语句分解到多行上，用分号表示语句的结束。但通常不建议将多条 SQL 语句写在一行上。PL/SQL 块的注释部分通常以 - - √ /*...*/ 标示。

下面从 PL/SQL 程序块的例子开始，关于另外两种 PL/SQL 程序，存储过程和函数将在第 9 章详细论述。

7.2.2　PL/SQL 块的类型

在上节中提到 PL/SQL 块是由一个或多个语句块组成。这些块可以是完全独立的，也可以嵌套在另一个块中。通常按照 PL/SQL 是否带名称及其存储方式将其划分为无名块和有名块两种类型。

　　无名块,即没有名字的块,可以嵌入在一个应用内的或预编译程序(或 OCI 程序)中。无名块在所有 PL/SQL 环境中均适用。

　　有名块,即命名了的 PL/SQL 块,包括存取过程、存储函数、包体和触发器。有名块通常可以接收函数,并返回结果。有名块可以被反复调用。

　　(1)存取过程(Procedure)。是一个 PL/SQL 程序块,通常接受零个或多个参数作为输入或输出,无返回值。

　　(2)存储函数(Function)。指定函数类型并返回存储函数的值,通常存储函数只能在表达式中使用。

　　(3)包体(Package)。也是一种命了名的 PL/SQL 块,由一组相关的过程、函数和游标等构成。

　　(4)触发器(Trigger)。处理存储在数据库中的带名块,生成后不再被更改且能多次执行。当事件发生时隐式地运行,不接受参数。

7.3　变量及变量的类型

7.3.1　声明变量

　　变量是用于存储数据的内存单元,当程序运行时,变量的内容会随之变化。通常,变量一般在 DECLARE 部分中被定义,并且总是在其他语句或其他定义部分中参考之前被定义。

　　声明变量的语法格式如下:

variable－name[CONSTANT]data byte[NOT NULL][:＝DEFAULT]

　　其中,

　　(1)variable－name 是要声明的变量名称。通常由字母开头,后面跟随字符序列,可以是字母、数字、货币符号、下划线和#字符。变量最大长度是 30 个字符,字符不区分大小写,每行只能定义一个变量。

　　(2)CONSTANT 表示常量,必须赋初值。

　　(3)NOT NULL 表明该变量不能为空值。

　　(4):＝DEFAULT 是给变量或常量赋予初值;如果没有赋值表示初始化为 NULL。

　　例如:

```
DECLARE
Username varchar2(6)NOT NULL:＝'李小霞';          --字符串变量
Payment FLOAT :＝60;                              --数值变量
ProductStart DATE :＝SYSDATE;                     --日期型变量
BEGIN
  COMMIT;
END;
```

7.3.2 变量赋值

(1)直接赋值法。直接用赋值运算符(:=)给变量赋值,每一赋值语句以分号结束。赋值语句格式:

变量名:=与变量类型相同的 PL/SQL 表达式或常量;

```
VMoney:=10000;
Question:='我的密码是多少?';
```

(2)间接赋值法。即通过 SELECT INTO 或 FETCH INTO 语句给变量赋值。

```
SELECT PostPrice * 1.2 INTO V_PostPrice
FROM orders
WHERE Store = 'Huipu';
```

7.3.3 变量作用范围

一个变量的作用范围通常是在定义该变量的程序范围内或该程序的子块中,从声明变量开始到该块结束。如果变量超出了其作用范围,则 PL/SQL 将释放存储该变量的存储空间。如果变量在主块和子块内定义了同一变量,当子块内使用该变量时,系统默认子块内的变量。当子块内的变量被重新定义后,变量仅作用于该子块。

7.3.4 PL/SQL 的变量类型

任何变量和常量都有一个数据类型,用以指明数据的存储格式、取值范围等。通常 PL/SQL 有标量类型、复合类型、LOB 类型和用户自定义类型。

7.3.4.1 标量类型

标量类型即没有内部分量的数据类型,只有一个值。合法的标量类型与数据库的列的数据类型相同,通常包括数字型、字符型、日期型和布尔逻辑型。

(1)数字型

用于存储数字型的数据,如整数、浮点数和实数。它有 3 种基本类型:NUMBER、PLS_INTEGER 和 BINARY_INTEGER。

①NUMBER 型

NUMBER 型用于存储任何精度范围的数字,其取值范围为 $1.0E-130$ 至 $9.99E125$。为了与其他数据库数据类型相兼容,PL/SQL 还定义了许多 NUMBER 的子类型:DEC、DECIMAL、DOUBLEPRECISION、FLOAT、NUMERIC 和 REAL 类型。

声明一个 NUMBER 的语法为:NUMBER(P,S)

其中,P 表示精度,是数值中所有数字位的个数(包括小数点和刻度范围),默认值为38。S 表示刻度范围,即小数点右边的数字位的个数,默认值为 0。刻度范围可以为负值,表示从小数点开始向左计算数字位的精度和刻度范围。

②BINARY – INTEGER 型

BINARY – INTEGER 型用于存储带符号的整数值,该数据类型占用的存储空间较小,但运算速度较慢。其取值范围为 – 2 147 483 647 至 + 2 147 483 647。PL/SQL 定义的 BINARY – INTEGER 子类型为:NATURAL、NATURALN、POSITIVE 和 SIGNTYPE。

③PLS_INTEGER 型

PLS_INTEGER 型用于存储一个有符号的整数值,其存储格式和范围同 BINARY – INTEGER 型相同。该数据类型使用机器算法,所以在进行算法的时候比 NUMBER 型和 BINARY – INTEGER 型的运算速度快。

(2)字符型

用于存储字符串或字符数据,包括 CHAR、VARCHAR2、LONG、ROW 和 ROWID 等字符类型。

①CHAR 型

CHAR 型用于存储固定长度的字符串,缺省值为1,最大长度为 32 767 字节。子类型为 CHARACTER。语法格式为:CHAR(maximum_size)。

②VARCHAR2 型

VARCHAR2 型用于存储可变长度的字符串,其最大长度为 32 767 字节。子类型为 STRING 和 VARCHAR 两种。语法格式为:VARCHAR2(maximum_size)。

③LONG 型

LONG 型用于存储可变长度的字符串 ,最大长度为 2GB。

④ROW 型

ROW 型用于存储二进制数据或字节串。PL/SQL 对该类型数据不做解释,在不同系统之间转换时不改变字符集。ROW 型的最大长度为 32 767 字节。

⑤ROWID 型

ROWID 型用于存储行的内部存储地址的。物理的 ROWID 表示普通表中的行号,逻辑的 ROWID 表示索引表中的行号。ROWID 型的最大取值范围为 18 个字节。

(3)日期型

①DATE 型

DATE 型数据是用于存储日期和时间信息的,包括世纪、年、月、日、小时、分和秒。DATE 变量占用 7 个字节。声明一个 DATE 型数据的语法为:variable_name DATE;

DATE 型变量的赋值必须由 TO_DATE 转换为存储函数或者 DATE 文字符。

例如:DianPuTime DATE;

②TIMESTAMP 型

TIMESTAMP 型可存储年、月、日、小时、分和秒。与 DATE 型数据不同之处在于 TIMESTAMP 型可存储字段的小数部分。

③INTERVAL 型

INTERVAL 型可用于存储两个时间段之间的间隔时间。

(4)布尔逻辑型

布尔逻辑型的用于存储逻辑值 TRUE、FALSE 和 NULL,通常在 PL/SQL 控制结构中使用。布尔逻辑值不能被插入数据库中。

7.3.4.2　复合类型

复合数据类型的变量包含可以单独处理的分量,这些分量可以被重用。通常 PL/SQL 中有以下几种复合数据类型:使用%TYPE 定义变量、%ROWTYPE 定义变量、表和记录。

(1)%TYPE 定义变量 TABLE、RECORD 和 VARRAY

PL/SQL 变量可用于处理存储在数据库表中列的数据,但要求变量应该与表的数据类型相同。如果表中列的数据类型发生了变化,其变量也应该随之修改。如果应用系统的 PL/SQL 代码很多,这种处理方法费时易错。针对此状况,PL/SQL 语言提供了%TYPE 定义变量方法。

%TYPE 定义变量方法即一个变量的类型用另一个已经定义的变量的类型进行定义,或用某表的某列类型定义。%TYPE 属性随表字段数据类型的变化而自动发生变化。

例如声明一个变量:

DECLARE

V_DianPuName VARCHAR2(50);

其类型与表 DianPuDetail 数据库表中的 DianPuName 类型一致。现将表 DianPuDetail 中 DianPuName 的类型换为 VARCHAR2(200),如果不使用%TYPE 定义变量,那么所有使用列 DianPuName 的 PL/SQL 代码都必须进行修改,容易出错。通过使用%TYPE 属性,V_DianPuName 同表 DianPuDetail 的列 DianPuName 具有相同的类型,保证了变量与列数据类型的一致性。定义%TYPE 变量类型的格式如下:

变量名[已有变量名|表名. 列名]%TYPE;

上述定义的变量 V_DianPuName 可以用%TYPE 属性进行定义:

DECLARE

V_STORENAME STORE. SNAME % TYPE;

由此可以看出,使用%TYPE 使 PL/SQL 更加灵活,有利于对数据库进行实时更新。

(2)%ROWTYPE 定义变量类型

使用%ROWTYPE 可以使变量获得表中多列或整条记录中每一列的数据类型。%ROWTYPE 定义变量的类型与数据库表中的记录类型变量应该相同。如果数据库表中的定义改变了,则用%ROWTYPE 定义的表的记录类型也随之变化。定义%ROWTYPE 变量类型的格式如下:

变量名[|表名|游标名. 列名]%ROWTYPE;

例如程序定义了复合变量类型 V_USERS,与表 USERS 的结构相同,则程序为

DECLARE

V_ USERS USERS % ROWTYPE;

%ROWTYPE 同%TYPE 一样,都不必了解数据库中列的个数和数据类型。当数据库中列的个数和数据类型发生变化时,%ROWTYPE 同%TYPE 定义的变量类型都能随之改变,减少了程序的维护工作,提高了程序运行效率。

（3）定义记录类型变量

记录是一组存储单行多列结构的数据又作为一个整体单元而逻辑相关的变量机制。通常须先定义该 RECORD 类型,再定义属于该类型的变量。定义记录类型变量的格式为:

```
TYPE 记录类型名 IS RECORD(
    FIELD1 TYPE1[NOT NULL][:=表达式1],
    FIELD2 TYPE2[NOT NULL][:=表达式2],
    FIELD3 TYPE3[NOT NULL][:=表达式3],
    ...
);
```

其中,TYPE 表示字段类型,可以使用除引用游标以外的任何 PL/SQL 数据类型,也可以使用%TYPE 和 %ROWTYPE 属性。表达式通常由字符、变量、运算符组成。

下面给出一个定义记录类型(店铺内员工情况)的例子:

```
DECLARE
type users IS record(
userid NUMBER(10),
username VARCHAR2(32),
);
```

（4）定义表类型变量

表是存储多行单列结构的数据。同定义记录类型变量一样,定义表类型也要先定义 TABLE 的类型,再定义属于该类型的变量。定义表类型变量的格式为:

```
TYPE 表类型名 IS TABLE OF 类型
INDEX BY BINARY_INTRGER;
```

7.3.4.3 LOB 类型

LOB 类型用于存储大的非结构化的数据,如文本格式、图像、音频、视频等。LOG 可以是二进制数值,也可以是字符数值,其长度在 4GB 之内 。包括 BLOB、CLOB、NCLOB 和 BFILE 4 种类型。

7.3.4.4 用户自定义类型

用户自定义类型是指用户可根据自身需要,定义一种称为子类型的类型。定义子类型的语法是:

```
SUBTYPE  子类型名  IS  基类型[(CONSTRAINT)][NOT NULL];
```

其中基类型可以是预定义的类型和子类型,也可以是%TYPE 类型。下面列举了自定义类型的例子:

```
DECLARE
SUBTYPE worktime IS date NOT NULL;
SUBTYPE append_id IS append. id% type;
```

在定义了子类型后,就可以在声明的地方使用子类型,如下例:

```
DECLARE
    SUBTYPE numeral IS number( 1,0);
    X numeral;
    Y numeral;
BEGIN
    X: =1;
    END;
```

7.3.5　数据类型之间的转换

在构建表达式时我们一定要保证数据类型的一致性。如果在一个表达式中出现了不同的数据类型,则会出现编译错误。只有进行数据转换才能确保数据类型的一致性,不相信程序的正常运行。数据类型转换包括显式转换和隐式转换两种。

7.3.5.1　显式数据类型转换

显式数据转换是指用内置函数进行转换。常用的显式数据转换有:

- NUMBER,DATE 通过 TO_CHAR 函数转换为 VARCHAR2 类型;
- CHAR 通过 TO_DATE 函数转换为 DATE 类型;
- CHAR 通过 TO_NUMNER 函数转换为 NUMBER 类型;
- ROW 通过 ROWTOHEX 函数转换为具有相同二进制取值的十六进制;
- CHAR(16 进制表示)通过 HEXTOROW 函数转换为具有相同二进制取值;
- ROWID 通过 ROWIDTOCHAR 函数转换为 18 字符的外部格式。

7.3.5.2　隐式数据类型转换

隐式转换是指 PL/SQL 自动对数据类型进行转换。PL/SQL 可以在字符和数字之间,字符和日期之间进行转换。

值得注意的是,当字符转换为数字时,字符必须全部由数字构成,当字符转换为日期时,也应该满足日期的默认格式,否则转换不能进行。

7.4　表达式及运算符

7.4.1　表达式

PL/SQL 程序中的表达式由运算符和该表达式的操作数组合而成。操作数可以是常量、变量、存储函数等。运算符则定义了如何给变量赋值并对操作数进行处理。按照表达式运算结果的数据类型可以将表达式分为数值表达式、字符表达式、关系表达式和逻辑表达式。

7.4.1.1 数值表达式

数值表达式由数值型常数、变量、存储函数和算术运算符组成。其中常用的算术运算符包括加、减、乘、除、乘方、幂、括号等,其先后顺序为括号、幂、乘除,最后是加减。例如计算 $20 + 8 * 3 + (14 - 4) - 4 ** 2$ 的值,其结果为 38。

7.4.1.2 字符表达式

字符表达式由字符型常量、变量、存储函数和字符运算符组成。在字符表达式中只有并置运算符"//",它可以将两个或多个字符连接起来,形成一个新的字符串。例如字符表达式:'Add' // '数码' // '相机',结果为'Add 数码相机'。

7.4.1.3 逻辑表达式

逻辑表达式由逻辑常数、变量、函数和逻辑运算符组成,逻辑运算符由 NOT、AND、OR 构成,其优先次序为 NOT、AND、OR 。逻辑表达式的运算结果为"TRUE"或"FALSE"。

7.4.1.4 关系表达式

关系表达式由字符表达式或数值表达式与关系运算符组成,运算结果是返回逻辑值"TRUE"或"FALSE",因此,关系表达式也可以被看作逻辑表达式。在关系表达式中,关系运算符两边的数据类型必须一致。例如关系表达式:123 < > 321 结果为 TRUE;'ABCDE' > 'BC'结果为 FALSE。

7.4.2 PL/SQL 运算符

以上介绍了 PL/SQL 程序中表达式类型。在各种类型的表达式中,运算符是必不可缺的,用于对变量赋值,对操作数进行处理。在 PL/SQL 中通常有以下几种运算符组成,如表 7 – 1、表 7 – 2 和表 7 – 3 所示:

表 7 – 1　算术预算符

运算符	含　义
+	加
–	减
*	乘
/	除
**	乘方
//	并置

表 7-2　逻辑预算符

运算符	含　义
NOT	取相反逻辑值
AND	多个条件同时满足
OR	任意一个条件满足

表 7-3　比较预算符

运算符	含　义
<	小于
< =	小于等于
>	大于
> =	大于等于
=	等于
! = , < >	不等于
IS NULL	检索空数据如果运算对象是 NULL,返回 TRUE
LIKE	对字符串进行模式匹配下划线字符(_)精确匹配一个字符,(%)匹配零个或多个字符,返回 TRUE
BETWEEN	检测值是否在特定范围内
IN	检测运算对象是否在一组值列表内

7.5　控制结构

和其他高级语言一样,PL/SQL 支持各种控制结构。控制结构控制 PL/SQL 程序流程的代码行,PL/SQL 支持条件控制和循环控制结构。

7.5.1　条件控制

(1)IF..THEN 语法
IF condition THEN
　　statement 1；
　　statement 2；
...
END IF
IF 语句判断条件 condition 是否为 TRUE,如果是,则执行 THEN 后面的语句,如果

condition 为 FALSE 或 NULL 则跳过 THEN 到 END IF 之间的语句,执行 END IF 后面的语句。

(2)IF..THEN...ELSE 语法

```
IF condition THEN
    statement 1;
    statement 2;
    ...
ELSE
    statement 1;
    statement 2;
    ...
END IF
```

如果条件 condition 为 TRUE,则执行 THEN 到 ELSE 之间的语句,否则执行 ELSE 到 END IF 之间的语句。

IF 可以嵌套,可以在 IF 或 IF..ELSE 语句中使用 IF 或 IF..ELSE 语句。

```
IF(a > b) and(a > c) THEN
    g: = a;
ELSE
    g: = b;
    IF c > g THEN
        g: = c;
    END IF
END IF
```

(3)IF..THEN..ELSIF 语法

```
IF condition1 THEN
    statement1;
ELSIF condition2 THEN
    statement2;
ELSIF condition3 THEN
    statement3;
ELSE
    statement4;
END IF;
    statement5;
```

如果条件 condition1 为 TRUE 则执行 statement1,然后执行 statement5,否则判断 condition2 是否为 TRUE,若为 TRUE 则执行 statement2,然后执行 statement5,对于 condition3 也

是相同的,如果 condition1,condition2,condition3 都不成立,那么将执行 statement4,然后执行 statement5。

7.5.2 循环控制

循环控制的基本形式是 LOOP 语句,LOOP 和 END LOOP 之间的语句将无限次的执行。LOOP 语句的语法如下:

```
LOOP
    statement;
END LOOP
```

EXIT WHEN 循环

LOOP 和 END LOOP 之间的语句无限次的执行显然是不行的,那么在使用 LOOP 语句时必须使用 EXIT 语句,强制循环结束,例如:

```
X:=100;
LOOP
    X:=X+10;
    IF X>1000    THEN
        EXIT;
    END IF
END LOOP;
Y:=X;
此时 Y 的值是 1010.
```

EXIT WHEN 语句将结束循环,如果条件为 TRUE,则结束循环。

```
X:=100;
LOOP
    X:=X+10;
    EXIT WHEN X>1000;
    X:=X+10;
END LOOP;
Y:=X;
```

WHILE..LOOP 循环

WHILE..LOOP 有一个条件与循环相联系,如果条件为 TRUE,则执行循环体内的语句,如果结果为 FALSE,则结束循环。

```
X:=100;
WHILE X<=1000 LOOP
    X:=X+10;
END LOOP;
Y=X;
```

FOR. . . LOOP 循环

> FOR counter IN［REVERSE］start_range. . . end_range LOOP
>
>   statements；
>
> END LOOP；

LOOP 和 WHILE 循环的循环次数都是不确定的，FOR 循环的循环次数是固定的，counter 是一个隐式声明的变量，他的初始值是 start_range，第二个值是 start_range + 1，一直循环直到 end_range。如果 start_range 等于 end _range，那么循环将执行一次。如果使用了 REVERSE 关键字，那么范围将是一个降序。

> X：= 100；
> FOR v_counter in 1. . . 10 LOOP
>   X：= X + 10；
> END LOOP
> Y：= X；

如果要退出 for 循环可以使用 EXIT 语句。

7.5.3 标签

用户可以使用标签使程序获得更好的可读性。程序块或循环都可以被标记。标签的形式是 < … >。

7.5.3.1 标记程序块

语法如下：

< label >

［DECLARE］

  … … …

BEGIN

  … … …

  ［EXCEPTION］

  … … …

END label_name

7.5.3.2 标记循环

< >

LOOP

  … … …

  < >

  LOOP

```
  … … …
   < >
  LOOP
   … … …
    EXIT outer_loop WHEN v_condition = 0;
  END LOOP innermost_loop;
   … … …
 END LOOP inner_loop;
END LOOP outer_loop;
```

7.5.3.3 GOTO 语句

语法如下:

GOTO LABEL;

执行 GOTO 语句时,控制会立即转到由标签标记的语句。PL/SQL 中对 GOTO 语句有一些限制,对于块、循环、IF 语句而言,从外层跳转到内层是非法的。

```
X : = 100;
FOR v_counter IN 1...10 LOOP
  IF v_counter = 4 THEN
GOTO end_of_loop
  END IF
  X: = X + 10;
  < end_of_loop >
  NULL;
END LOOP
Y: = X;
```

注意:NULL 是一个合法的可执行语句。

7.5.4 嵌套

程序块的内部可以有另一个程序块这种情况称为嵌套。嵌套要注意的是变量,定义在最外部程序块中的变量可以在所有子块中使用,如果在子块中定义了与外部程序块变量相同的变量名,在执行子块时将使用子块中定义的变量。子块中定义的变量不能被父块引用。同样 GOTO 语句不能由父块跳转道子块中,反之则是合法的。

```
< OUTER BLOCK >
DECLARE
  A_NUMBER INTEGER;
  B_NUMBER INTEGER;
BEGIN
```

```
- - A_NUMBER and B_NUMBER are available here
< >
DECLARE
    C_NUMBER INTEGER;
    B_NUMBER NUMBER(20);
BEGIN
    C_NUMBER: = A_NUMBER;
    C_NUMBER = OUTER_BLOCK. B_NUMBER;
END SUB_BLOCK;
END OUT_BLOCK;
```

7.6 Oracle 函数

函数是用于封装经常执行的逻辑子程序。通常 PL/SQL 支持两种函数类型:一种是功能强大的预定义内置函数,另一种是用户根据自身需要创建的自定义函数。

Oracle 为用户提供了预定义的内置函数,通过这些函数用户可以方便的操纵数据。根据存储函数的处理行数可以将其分为单行存储函数和多行存储函数。

单行存储函数是指对单个数值进行操作,并返回一个值的函数类型。它们可用于 SQL 语句中表达式和 PL/SQL 过程性语句中。按函数类型不同,可以将单行存储函数分为字符函数、数值函数、日期函数、转换函数等。

7.6.1 字符函数

字符函数以字符类作为参数并返回字符值。字符函数大都返回 VARCHAR2 类型的值。

(1)CHR 函数

CHR(N)函数用于返回十进制表示的字符,其中 N 表示一个数字。

```
SQL > SELECT distinct CHR(65),CHR(122) FROM dual;
CHR(65)          CHR(122)
----------       ------------
A                z
```

(2)CONCAT 函数

CONCAT(c_1,c_2)函数用于返回 c_1,c_2 合并后的字符串,作用与//操作符功能一样。

```
SQL > SELECT concat('Welcome to ','China')FROM dual;
CONCAT('Welcome to','China')
```

```
Welcome to China
```

(3)INITCAP 函数

INITCAP(c_1)函数用于返回字符串 c_1 并将字符串的第一个字母变为大写。

```
SQL > SELECT initcap('huipu')FROM dual;
INITCAP('HUIPU')
```

```
Huipu
```

(4)INSTR 函数

INSTR(c_1,c_2,$[i]$,$[j]$)函数中 c_1,c_2 为字符串,i,j 为整数。函数返回 c_2 在 c_1 中第 j 次出现的位置,搜索从 c_1 的第 i 个字符开始。当没有发现需要的字符时返回 0 值。如果 i 为负数,那么搜索将从右到左进行,但位置的计算还是从左到右,i 和 j 的缺省值为 1。

```
SQL > SELECT instr('abcdef','bc')FROM dual;
INSTR('ABCDEF','BC')
```

```
2
```

(5)LENGTH 函数

LENGTH(n)函数用以返回 n 的长度。n 可以是字符串、数字或表达式。如果 c_1 为 null,那么将返回 null 值。

```
SQL > SELECT length('VCDES')FROM dual;
LENGTH('VCDES')
```

```
5
```

(6)LOWER 函数和 UPPER 函数

LOWER(c_1)函数用以将字符串 c_1 中的字符变成小写,常用于 WHERE 子句中。UPPER(c_1)函数用以将字符串 c_1 中的字符变成大写。

```
SQL > SELECT lower('MaThS')FROM dual;
LOWER('MaThS')
```

```
maths
```

(7)LPAD 函数和 RPAD 函数

LPAD 函数用于使用指定的字符在字符左边进行填充。RPAD 函数用于指定的字符在字符右边进行填充。

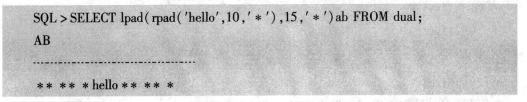

```
SQL > SELECT lpad( rpad( 'hello' ,10 ,' * ' ) ,15 ,' * ' ) ab FROM dual;
AB
--------------------------------------
 * * * * * hello * * * * *
```

(8) LTRIM 函数和 RTRIM 函数

LTRIM(c_1,c_2)函数用于返回删除从左边算起出现在c_2中的字符的c_1,其中c_2为可选项,缺省为空格。数据库从最左边开始扫描c_1。当遇到不在c_2中的第一个字符时,结果被返回。RTRIM 即为从右边裁减掉指定字符。

```
SQL > SELECT rtrim( 'welcome,John' ,'John' ) FROM dual;
RTRIM( 'WELCOME,JOHN' ,'JOHN' )
-----------------------------------------
welcome,
```

(9) REPLACE 函数

REPLACE(c,c_1,c_2)函数用以返回由c_2替换在c中出现的c_1后的字符串。

```
SQL > SELECT replace( 'Simens 中国分公司' ,'Simens' ,'Motorola' ) FROM dual;
REPLACE( 'SIMENS 中国分公司' ,'SIMENS' ,'MOTOROLA'
-----------------------------------------
Motorola 中国分公司
```

(10) SUBSTR 函数

SUBSTR(c,c_1,c_2)函数用于返回在c中从字母c_1开始c_2个字符长的c的子字符串部分。如果c_1为0,则被认为是1;如果c_1是正数,则返回字符是从左向右计算。如果c_1是负数,那么返回的字符是从 string 的末尾开始从右向左计算。

```
SQL > SELECT Substr( 'Computer ' ,3 ,2) FROM dual;
SUBSTR( 'COMPUTER' ,3 ,2)
------------------------------------
mp
```

7.6.2 数值函数

数值函数是对数字型的数据进行数学运算的函数类型。该类型函数返回的结果为数字型。

(1) ABS 函数

ABS(n)函数用于返回绝对值,其结果恒为正。

```
SQL > SELECT abs( -12344)FROM dual;
ABS( -12344)
----------------
12344
```

（2）CEIL 函数

CEIL(n)函数用于返回大于或等于 n 的最小整数值。

```
SQL > SELECT ceil(5.4),ceil( -35.7)FROM dual;
CEIL(5.4)        CEIL( -35.7)
-----------      ------------
6                -35
```

（3）EXP 函数

EXP(n)函数用于返回 e 的 n 次方。$e = 2.71828183$……

```
SQL > SELECT exp(3)FROM dual;
EXP(3)
------------
20.0855369
```

（4）FLOOR 函数

FLOOR(n)函数用于返回小于或等于 n 的最大整数值。

```
SQL > SELECT floor(5.4),floor( -35.76)FROM dual;
FLOOR(5.4)        FLOOR( -35.76)
----------------  ----------------------
5                 -36
```

（5）MOD 函数

MOD(n_1,n_2)函数用以返回 n_1 被 n_2 除的余数。其中 n_2 为 0 时返回 n_1。

```
SQL > SELECT mod(26,4)FROM dual;
MOD(26,4)
--------------
2
```

（6）POWER 函数

POWER(n_1,n_2)函数用以返回 n_1 的 n_2 次方。

```
SQL > SELECT power(2,5)FROM dual;
POWER(2,5)
--------------
32
```

(7) ROUND 函数

ROUND(n_1,n_2)函数用以返回 n_1 小数点右边按四舍五入精确到 n_2 后的值。如果 n_2 为负值,则 n_1 舍入到小数点左边相应的位上。

```
SQL > SELECT round(683923.12354,3),round(683923.12354,-3)FROM dual;
ROUND(683923.12354,3)        ROUND(683923.12354,-3)
---------------------------  ---------------------------

683923.124                   684000
```

(8) SIGN 函数

SIGN(n)函数中 n 为数字。当 n 为负数时该函数返回 -1,n 为整数时,该函数返回 1;n 为 0 时该函数返回 0。

```
SQL > SELECT sign(5),sign(-304),sign(0)FROM dual;
SIGN(5)       SIGN(-304)       SIGN(0)
----------    --------------   ----------
1             -1               0
```

(9) SQRT 函数

SQRT(n)函数用于返回 n 的平方根。

```
SQL > SELECT sqrt(4)FROM dual;
SQRT(4)
----------
2
```

(10) TRUNC 函数

TRUNC(c_1,c_2)函数用法与 ROUND 类似。用于返回截断到 c_1 的小数点后面 c_2 的值。通常 c_2 缺省为 0。如果 c_2 为负值,c_1 截断至小数点左边相应的位上。

```
SQL > SELECT trunc(683923.12354,3),trunc(683923.12354,-3)FROM dual;
TRUNC(683923.12354,3)        TRUNC(683923.12354,-3)
---------------------------  ---------------------------

683923.123                   683000
```

7.6.3 日期函数

日期函数是对日期型的数据进行计算。通常日期函数有一个或多个日期型的参数,返回的结果是日期型的。日期型函数包括 ADD_MONTHS,LAST_DAY,MONTHS_BETWEEN 等。

(1) ADD_MONTHS 函数

ADD_MONTHS(date,number)函数用于返回 date 加上 number 个月后的对应日期 date 的值。number 可以使任意整数,如果 number 是一个小数,则需要将其转换为整数形式再进行计算。

```
SQL > SELECT to_char( add_months ( to_date ( '200707' , 'yyyymm' ) , 8 ) , 'yyyymm' )
FROM dual；
TO_CHAR(ADD_MONTHS(TO_DATE('200707','YYYMM'),8),'YYYMM')
-------------------------------------------------
200803
```

（2）LAST_DAY 函数

LAST_DAY(date) 函数用于返回日期当前系统日期所在月份的最后一天。

```
SQL > SELECT last_day( sysdate ) FROM dual；
LAST_DAY( SYSDATE )
----------------------------
2009 - 4 - 30 20：10：3
```

（3）MONTH_BETWEEN 函数

MONTH_BETWEEN($date_1$, $date_2$) 函数用于返回 $date_1$ 和 $date_2$ 之间的月份。比如计算 2009 年 4 月和 2008 年 12 月之间相差几个月的代码如下：

```
SQL > SELECT months_between( to_date( '2009 - 04' , 'yyyy - mm' ) , to_date ( '2008 -
12' , 'yyyy - mm' ) ) FROM dual；
MONTHS_BETWEEN( TO_DATE( '2009 - 04' , 'YYYY - MM' ) , TO_DATE ( '2008 -
12' , YYYY - MM' ) )
---------------------------------------------------
4
```

（4）NEXT_DAY 函数

NEXT_DAY(date , dow) 函数用于根据给出的日期和用户需要知道的星期数给出下一个星期几的日期。

```
SQL > SELECT naxt_day( '12 - 7 月 - 2007' , '星期四' ) next_day FROM dual；
NEXT_DAY
------------------
19 - 7 月 - 07
```

（5）ROUND 函数

ROUND(date , format) 函数用于将日期 date 按照 format 指定的格式进行舍入。

```
SQL > SELECT sysdate , round( sysdate , 'HH24' ) FROM dual；
SYSDATE          ROUND( SYSDATE , 'HH24' )
-----------      ---------------------------------
2009 - 4 - 23 2  2009 - 4 - 23 20：00：00
```

（6）SYSDATE 函数

SYSDATE 函数用于返回系统当前的日期、小时和秒。该函数没有参数。

```
SQL > SELECT sysdate FROM dual;
SYSDATE
------------------
2009 - 4 - 23 2
```

(7) TRUNC 函数

TRUNC(date, format) 函数用于返回截断由 format 格式指定的日期。

```
SQL > SELECT trunc(sysdate, 'yyyy') FROM dual;
TRUNC(SYSDATE, 'YYYY')
-----------------------------
2009 - 1 - 1
```

7.6.4 转换函数

转换函数用于数据类型之间的转换。该函数可用于对多种数据类型进行操作。

(1) TO_CHAR 函数

TO_CHAR(date, format) 函数用于将日期或时间类型转换为指定的 VARCHAR2 数据类型。如果函数指定 format,则用它控制指定显示结果的格式类型,如果没有指定 format 则使用缺省日期。其中年用 Y、月用 M、日用 D、小时用 H、分用 MI、秒用 S 表示,比如表示 2009 - 04 - 23 18:23:40 的格式为 'YYYY - MM - DD HH24:MI:SS',注意如果用 24 小时制表示时间,则需要在 HH 后面加上 24。比如将系统当前日期转换成上述格式的字符串,然后显示:

```
SQL > SELECT to_char(sysdate, 'yyyy - mm - dd hh24:mi:ss') FROM dual;
TO_CHAR(SYSDATE, 'YYYY - MM - DDHH24:MI:SS')
------------------------------------------------------
2009 - 04 - 23 20:20:07
```

(2) TO_DATE 函数

TO_DATE(string, format) 函数用于将字符串转换为日期类型。其中 format 用法与 TO_CHAR 函数相似。比如将 '2009 - 4 - 23' 转换成 date 类型的数据,查询出来的结果尽管显示的和转换前一样,但是其已经是 date 类型的数据,而不是字符串类型:

```
SQL > SELECT to_date('2009 - 4 - 23', 'yyyy - mm - dd') FROM dual;
TO_DATE('2009 - 4 - 23', 'YYYY - MM - DD')
----------------------------------------------------
2009 - 4 - 23
```

(3)TO_NUMBER 函数

TO_NUMBER(string)函数用于将字符串转换为数字类型:

```
SQL > SELECT to_number('2008')year FROM dual;
YEAR
------------
2008
```

练习题

1. 简述 PL/SQL 语言的特点。

2. 试用 PL/SQL 语言编写程序块。

3. 简述 PL/SQL 语言的数据类型变量。

上机实习

练习系统函数的用法。

数据库的查询访问

【本章要点】
- 简单查询
- 连接查询
- 子查询

【学习要求】
- 掌握外连接、内连接查询等数据查询访问技术

8.1 简单查询

Oracle 数据库的查询访问在电子商务数据库应用中使用的非常广泛,特别是在报表生成中作用很重要。查询就是从数据库表中请求信息。简单的查询指的是从一个数据库中检索数据的查询。查询的基础是 SELECT 语句。

8.1.1 使用 SELECT 语句

SELECT 语句是 SQL 中最常用的语句之一。它允许检索已经存储在数据库中的信息。该语句从关键字 SELECT 开始,后面跟随着想要查询其数据的列名。可以从所有列(用 * 表示)选择信息,也可以在 SELECT 子句中指定特定的列名来检索数据。FROM 子句提供的是数据表、视图或者具体化(materialize)视图的名字,它们可以在查询中使用。

SELECT 语句的基本格式是由 SELECT 子句、FROM 子句和 WHERE 字句组成的 SQL 查询语句:

SELECT 列名表

FROM 表或视图名

WHERE 查询限定条件

也就是说,SELECT 指定了要查看的列(字段),FROM 指定这些数据来自哪里(表或者视图),WHERE 则指定了要查询哪些行(记录)。

SELECT 子句除了进行查询外，其他的很多功能也都离不开 SELECT 子句，例如，创建视图是利用查询语句来完成的；插入数据时，在很多情况下是从另外一个表或者多个表中选择符合条件的数据。所以查询语句是掌握 SQL 语句的关键。

完整的 SELECT 语句的用法如下所示：

SELECT　列名表

［INTO　新表名］

FROM　表或视图名

［WHERE　查询限定条件］

［GROUP BY　分组表达式］

［HAVING　分组条件］

［ORDER BY　次序表达式［ASC｜DESC］］

其中，带有方括号的子句均是可选子句，大写的单词表示 SQL 的关键字，而小写的单词或者单词组合表示表（视图）名称或者给定条件。

8.1.2　列别名

列的别名紧接着列中定义，中间使用一个空格或者使用关键字 AS。如果想在列别名中使用空格，那么必须把其（或它们）包含在双引号中。只有当别名被包含在双引号中时，其大小写形式才会得到保留；否则都将显示为大写。下面的示例显示的是在前面的查询中使用一个列别名后出现的结果：

```
SQL > SELECT productname AS 商品名称,price AS 价格 FROM products;
商品名称                    价格
-----------------------     -------
TCL 液晶电视             7000
海尔液晶电视             6200
格力空调                 2300
中华健齿牙膏             3.3
雕牌透明皂               2
意高塑封机               370
晋林支票打印机           2480
晋林点钞机               840
```

8.1.3　保证唯一性

跟随在 SELECT 后面的关键字 distinct（或者关键字 UNIQUE）可以保证得到的行的唯一性。如果你需要在 PRODUCTS 表中找出不重复的商品种类，可以使用下列查询：

```
SQL > SELECT distinct( categoryid) AS 商品种类编号 FROM products;
商品种类编号
---------------
100001
100002
100003
```

8.1.4 DUAL 表

dual 表是一个虚拟数据表可提供数据库中的所有用户使用,该表主要用作函数的测试功能。它有一列和一行。DUAL 表用来选择系统变量或者求值一个表达式。下面是示例:

```
SQL > SELECT sysdate, user FROM dual;
SYSDATE          USER
---------------   -------
2009 - 4 - 24 1   SCOTT
```

SYSDATE 和 USER 是自带的函数,用于提供关于环境的信息,SYSDATE 返回系统日期和时间;USER 返回当前登录用户。

8.1.5 限制行

SELECT 语句中的 WHERE 子句用于限制处理的行的数量。任何 WHERE 子句的逻辑条件都使用比较运算符。只要是满足 WHERE 子句逻辑条件的数据,对应的行都将返回或者得到相关的处理。可以在 WHERE 子句中使用列名或表达式,但不能使用列别名。在 SELECT 语句中,WHERE 子句跟随在 FROM 子句的后面。

例如列出是用户 100001 所销售的商品。下列示例显示了如何把查询限制在只属于用户 100001 的记录中,方法就是使用一个 WHERE 子句。

```
SQL > SELECT productname FROM products WHERE productid = '100001';
PRODUCTNAME
---------------------
海尔液晶电视
```

如果查询出来的数据比较多,而需要限制查询记录数时,可以使用 rownum 伪列:

```
SQL > SELECT productname FROM products WHERE rownum < 4;
PRODUCTNAME
---------------------
TCL 液晶电视
海尔液晶电视
格力空调
```

查询条件:ROWNUM <4 表示最多查询出 3 条记录。

8.1.6 比较运算符

比较运算符(Comparison Operator)可以比较两个值或表达式,并且给出一个布尔结果,可以是 TRUE、FALSE 或 NULL。比较运算符中包括测试相等、不等、小于、大于和值比较的运算符。

等于运算符(=)用来测试是否相等,如果在等号两边的表达式结果或值相等,则返回 TRUE;

不等运算符(!=、<>)用来测试是否不等,如果运算符两边的值不匹配,则这个测试返回 TRUE。运算符 <> 可以在所有的系统平台上使用,而其他用来进行不等性测试的运算符则并不是所有的系统平台都支持的;

小于运算符(<)左边表达式结果或者值小于此运算符右边的表达式结果或值,则此测试求值为 TRUE;

大于运算符(>)左侧的表达式结果或者值大于右侧的表达式结果或值,则此测试求值为 TRUE。

8.1.7 逻辑运算符

逻辑运算符(Logical Operator)用来把两个比较条件的结果结合起来形成一个结果,或者把一个比较操作的结果求反。NOT、AND 和 OR 都是逻辑运算符。

8.1.7.1 NOT 运算符

NOT 运算法是取非操作。如果逻辑计算的操作数是 FALSE 则求值结果为 TRUE;如果操作数是 TRUE 则求值结果是 FALSE。如果操作数是 NULL 则 NOT 返回的结果也是 NULL。下面这段代码是查询出商品种类编号不是 100001 的商品姓名:

```
SQL > SELECT productname FROM products WHERE
NOT( CATEGORYID = '100001') ;
PRODUCTNAME
------------------
TCL 液晶电视
海尔液晶电视
格力空调
意高塑封机
晋林支票打印机
晋林点钞机
```

8.1.7.2 AND 运算符

AND 用来求两个操作数的交集。如果两个操作数都是 TRUE,则运算符 AND 求值结果是 TRUE;如果两者有一个操作数是 FALSE,则求值结果为 FALSE;否则它将返回 NULL。比如下面代码是查询出家用电器类(为 100003)且运费小于 200 的商品名称:

```
SQL > SELECT productname FROM products WHERE categoryid = 100003
AND fee < 200;
PRODUCTNAME
--------------------
海尔液晶电视
格力空调
```

8.1.7.3 OR 运算符

用来求两个操作数的并集。如果其中一个操作数是 TRUE,则运算符 OR 求值的结果是 TRUE;如果两个操作数都是 FALSE,则它求值的结果是 FALSE;否则它将返回 NULL。比如下面代码查询家用电器类(100003)和办公用品类(100002)的商品名称:

```
SQL > SELECT productname FROM products WHERE categoryid = 100002
OR categoryid = 100003;
PRODUCTNAME
--------------------
TCL 液晶电视
海尔液晶电视
格力空调
意高塑封机
晋林支票打印机
晋林点钞机
```

上述 3 个逻辑运算的真值表如下表 8-1、表 8-2 和表 8-3 所示:

表 8-1 逻辑运算 AND 的真值表

AND	TRUE	FALSE	NULL
TRUE	TRUE	FALSE	NULL
FALSE	FALSE	FALSE	FALSE
NULL	NULL	FALSE	NULL

表 8-2 逻辑运算 OR 的真值表

OR	TRUE	FALSE	NULL
TRUE	TRUE	TRUE	TRUE
FALSE	TRUE	FALSE	NULL
NULL	TRUE	NULL	NULL

表 8 – 3　逻辑运算 NOT 的真值表

NOT	
TRUE	FALSE
FALSE	TRUE
NULL	NULL

8.1.8　其他运算符

8.1.8.1　IN 和 NOT IN 运算符

运算符 IN 和 NOT IN 用来测试一个成员条件。IN 相当于运算符" = ANY",如果该值在相关列表或者来自一个子查询的结果集中存在,则求值为 TRUE。运算符 NOT IN 相当于运算符"! = ALL",如果该值在相关列表中没有或者在一个子查询的结果集中没有,则求值为 TRUE。

比如查询商品类型为日用品类(100001)和办公用品类(100002)的商品名称:

```
SQL > SELECT productname FROM products WHERE categoryid IN(100001,100002);
PRODUCTNAME
--------------------
中华健齿牙膏
雕牌透明皂
意高塑封机
晋林支票打印机
晋林点钞机
```

比如查询商品类别不是日用品类和办公用品的其他种类商品名称:

```
SQL > SELECT productname FROM products WHERE categoryid
NOT IN(100001,100002);
PRODUCTNAME
--------------------
TCL 液晶电视
海尔液晶电视
格力空调
```

8.1.8.2　BETWEEN 运算符

运算符 BETWEEN 用来测试一个范围。如果相关的值大于或者等于 A 并且小于或者等于 B,则 BETWEEN A AND B 求值为 TRUE。如果使用了 NOT,则此结果会被求反。

例如查询所有商品价格在 300 元到 500 元之间的商品名称和价格:

```
SQL > SELECT productname, price FROM products WHERE price
BETWEEN 300 AND 500;
PRODUCTNAME          PRICE
------------------   -------
意高塑封机            370
```

8.1.8.3 EXISTS 运算符

运算符 EXISTS 后面总是跟随一个位于括号中的子查询。如果子查询至少返回一行,则 EXISTS 求值为 TRUE。比如,如果日用品(100001)这类商品类别存在,则查询出所有该类商品的名称:

```
SQL > SELECT productname FROM products p WHERE exists (SELECT * FROM
category c WHERE p. categoryid = c. categoryid AND c. categoryid = 100001);
PRODUCTNAME
------------------
中华健齿牙膏
雕牌透明皂
```

8.1.8.4 LIKE 运算符

运算符 LIKE 执行模式匹配。模式搜索字符'%'用来匹配任何及任意数量的字符。比如查询搜索所有商品名以"晋"开头的商品名称:

```
SQL > SELECT productname FROM products WHERE productname like '晋%';
PRODUCTNAME
------------------
晋林支票打印机
晋林点钞机
```

8.1.9 行的排序

SELECT 语句可以包含 ORDER BY 子句,使得到的行按照列中的数据排列成指定的顺序。如果没有 ORDER BY 子句,就没有办法保证得到的行以什么特定的顺序来排列。如果指定了一个 ORDER BY 子句,则默认返回的行将按照指定的列升序排列。如果你需要按照降序排列,那么可以在相应的列名后面使用关键字 DESC。你可以指定关键字 ASC 来明确地表示按照升序排列,尽管这种排序方式是默认的方式。ORDER BY 子句跟随在 SELECT 语句中 FROM 子句和 WHERE 子句的后面。

比如从 PRODUCT 表中检索出所有 categoryid 为 100003 的商品编号和名称并且按照商品编号降序来排列:

```
SQL > SELECT productid, productname FROM products WHERE categoryid = 100003
ORDER BY productid DESC;
PRODUCTID        PRODUCTNAME
------------     ----------------------
```

PRODUCTID	PRODUCTNAME
100002	格力空调
100001	海尔液晶电视
100000	TCL 液晶电视

同时也可以在 ORDER BY 子句中指定多个列。在这种情况下,结果集将先按照 ORDER BY 子句中的第一列排序,然后按照第二个列,依次类推。SELECT 子句中没有使用的列或者表达式也可以用于 ORDER BY 子句。下面的示例显示了在 ORDER BY 子句中使用 DESC 和多个列的示例:首先按照商品库存数升序排列,然后按照价格降序排列:

```
SQL > SELECT Productname, quantity, price FROM products
ORDER BY quantity ASC, price DESC;
```

PRODUCTNAME	QUANTITY	PRICE
晋林点钞机	20	840
雕牌透明皂	20	2
晋林支票打印机	30	2480
意高塑封机	30	370
TCL 液晶电视	100	7000
格力空调	100	2300
海尔液晶电视	130	6200
中华健齿牙膏	1000	3.3

在这个例子中,首先按照库存量 QUANTITY 库存进行升序排列;对于库存量相同的商品,再按照价格 PRICE 降序排列,比如同为 20 件库存的商品,再按照价格降序排列。

8.1.10 使用 CASE 表达式

表达式是一个或者多个值、运算符以及 SQL 函数的组合,得到的结果是一个值。一个表达式的结果一般与其组成部分使用相同的数据类型。简单的表达式如 5 + 6 求值结果为 11,其数据类型为 NUMBER。表达式可以出现在下列子句中:

(1) 查询的 SELECT 子句;
(2) WHERE 子句、ORDER BY 子句和 HAVING 子句;
(3) INSERT 语句的 VALUES 子句;
(4) UPDATE 语句的 SET 子句。

CASE 表达式是 Oracle 9i 新引入的,可以用来在 SQL 中产生 IF THEN ELSE 逻辑。下面是简单的 CASE 表达式的语法:

CASE ＜ expression ＞

WHEN ＜ compare value ＞THEN ＜ return value ＞

［ELSE ＜ return value ＞］

END

CASE 表达式从关键字 CASE 开始,以关键字 END 结束。ELSE 子句是可选的,WHEN 子句可以被重复 128 次。

比如根据是否保修(REPAIR:Y 表示可以保修;N 表示不能保修)字段,显示商品是否可以保修:

```
SQL＞SELECT productname AS 商品名,case repair WHEN 'Y' THEN '可保修'
WHEN 'N' THEN '无保修' END AS 是否保修 FROM products;
商品名              是否保修
----------------    ----------
TCL 液晶电视         可保修
海尔液晶电视         可保修
格力空调             可保修
中华健齿牙膏         无保修
雕牌透明皂           无保修
意高塑封机           可保修
晋林支票打印机       无保修
晋林点钞机           可保修
```

CASE 表达式的另一个形式是搜索 CASE,其值是根据一个条件来派生的。这种版本使用的语法如下:

CASE

WHEN ＜ condition ＞THEN ＜ return value ＞

［ELSE ＜ return value ＞］

END

把用户所卖商品按库存量分类为低、中和高,使用的是一个搜索 CASE 表达式。

```
SQL＞SELECT productname AS 商品名,
CASE WHEN quantity＜100 THEN '低'
WHEN quantity＜500 THEN '中'
WHEN quantity＞＝500 THEN '高' END AS 库存水平
FROM products;
```

商品名	库存水平
TCL 液晶电视	中
海尔液晶电视	中
格力空调	中
中华健齿牙膏	高
雕牌透明皂	低
意高塑封机	低
晋林支票打印机	低
晋林点钞机	低

8.2 连接查询

数据库中有许多存储数据的表。在上一节"简单查询"中已经学习了如何编辑简单的查询,用来从一个表中选择数据。把两个或者多个相关表连接(join)起来并且访问其中的信息的能力是关系型数据库的一项核心功能。通过使用 SELECT 语句,可以编写很高级的多表连接查询,以满足需求。

本节关注使用数据库的连接从多个表中查询数据。Oracle 通过遵守 ANSI/ISO SQL1999 标准而具有一些增强的连接功能。

8.2.1 多表查询

通过连接,可以根据各个表之间的逻辑关系从两个或多个表中检索数据。连接是指一个结合了两个或者多个表或者视图的行的查询。Oracle 会在查询的 FROM 子句中出现多个表时执行一次连接。该查询的 SELECT 子句可以包含来自任意或所有这些表的列或表达式。

连接条件通过以下方法定义两个表在查询中的关联方式:

(1)指定每一个表中要用于连接的列。典型的连接条件在一个表中指定外键,在另一个表中指定与其关联的键。

(2)指定比较各列的值时要使用的逻辑运算符(= 、< > 等)。

可在 FROM 或 WHERE 子句中指定连接,连接条件与 WHERE 和 HAVING 搜索条件组合,用于控制 FROM 子句引用的即表中所选定的行。

8.2.1.1 简单连接查询

用来建立两个表之间的关系的最普通的运算符是等号(=)。如果使用一个等号把两个相关联的表连接起来了,则这就是一个相等连接(Equality Join)。这种类型的连接把来自两个表的在指定列中具有相等值的行连接起来。简单连接也称为内连接(Inner Join),因为它只返回满足条件的行。简单连接的语法如下:

FROM first_table INNER JOIN second_table[ON(join_condition)]

例如,下面使用简单的连接查询各商品所属类型的名称:

```
SQL > SELECT p. productname , c. categoryname FROM products p
INNER JOIN category c ON p. categoryid = c. categoryid ;
PRODUCTNAME              CATEGORYNAME
----------------        ---------------------

TCL 液晶电视             电器类
海尔液晶电视             电器类
格力空调                 电器类
中华健齿牙膏             日用品类
雕牌透明皂               日用品类
意高塑封机               办公用品类
晋林支票打印机           办公用品类
晋林点钞机               办公用品类
```

在简单的连接查询中,如果出现了对 3 个或者多个表进行连接,Oracle 采取了下列步骤:根据连接条件把两个表连接起来,比较它们的列;根据连接条件把得到的结果连接到另一个表上;继续此过程直到把所有的表都连接到得到的结果上。

8.2.1.2 复杂连接查询

除了在 WHERE 子句中指定连接条件以外,还可以设置其他条件来限制检索到的行。这种连接称为复杂连接(Complex Join)。复杂连接查询中运用最多是使用表的别名连接查询。表与列相似,也可以有别名。表的别名要紧靠着表指定,中间以一个空格分隔。

例如,如果你只对电器类(100003)以外的其他商品感兴趣,可以使用以下的查询:

```
SQL > SELECT p. productname , c. categoryname FROM products p , category c
WHERE p. categoryid = c. categoryid AND p. categoryid ! = 100003 ;
PRODUCTNAME              CATEGORYNAME
----------------        ---------------------

中华健齿牙膏             日用品类
雕牌透明皂               日用品类
意高塑封机               办公用品类
晋林支票打印机           办公用品类
晋林点钞机               办公用品类
```

表的别名可以提高查询的可续行。它们还可以用来通过使用较短的别名来缩短查询的长度。当在 FROM 子句中指定相关的表(或者视图及具体化的视图),Oracle 会在连接到相关数据库的方案(或者用户)中查找相应的对象。如果此表属于另一个方案(Schema),则必须用方案名对它进行限定(可以通过使用同义词来避免这种处理)。同时也可以使用方案所有者来限定一个表;可以使用表的所有者或者表所有者和方案所有者来限定一个列。

8.2.2 外部连接

仅当至少有一个同属于两个表的行符合连接条件时,内连接才返回行;内连接消除与另一个表中的任何行不匹配的行。而外连接会返回 FROM 子句中出现的至少一个表或视图的所有行,只要这些行符合任何 WHERE 或 HAVING 搜索条件。外部连接根据内部连接条件来返回结果以及从一个或者两个方面的表中返回未匹配的行。

在传统的 Oracle 语法中,括号包围着加号,即(+),表明查询中的一个外部连接。在相关的列名旁边输入(+)号,在这里可能并没有对应的行。例如,为了编写一个执行表 A 和 B 之间外部链接的查询,并且从 A 中返回所有的行,那么可以把外部连接运算符(+)应用到连接条件中 B 的所有列上。对于所有在 B 中没有匹配的 A 的行,此查询为 B 中的列返回 NULL。

外部连接运算符(+)只能出现在 WHERE 子句中。如果在表之间有多个连接条件,则该外部运算符应该用于所有的条件。例如:

```
SQL > SELECT p. productname,c. categoryname FROM products p,category c
WHERE p. categoryid = c. categoryid( + ) AND p. productname like'雕%';
PRODUCTNAME             CATEGORYNAME
-------------------     ---------------------
雕牌透明皂               日用品类
```

注意外部连接运算符(+)不能使用逻辑运算符 OR 或 IN 与另一个条件结合起来。

8.2.2.1 左外部连接

左外部连接(Left Outer Join)是两个表之间的一个连接,根据匹配条件以及根据 JOIN 子句左侧的表中未匹配的行来返回行。例如,查询从 PRODUCTS 和 CATEGORY 表返回商品名以及所述商品类别,即使某件商品没有在商品类别表中对应任何类型,该商品名也返回。

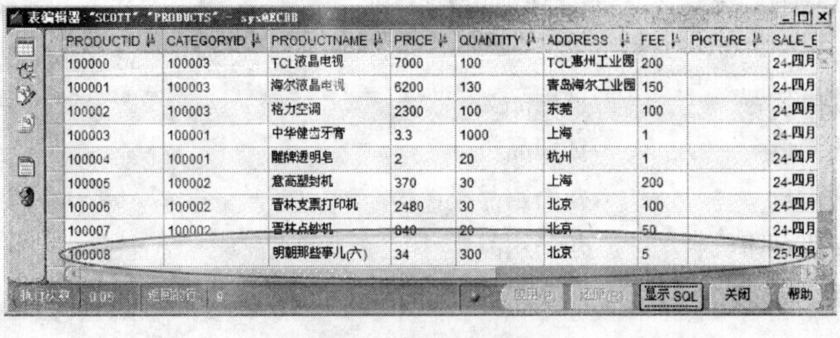

PRODUCTID	CATEGORYID	PRODUCTNAME	PRICE	QUANTITY	ADDRESS	FEE	PICTURE	SALE_E
100000	100003	TCL液晶电视	7000	100	TCL惠州工业园	200		24-四月
100001	100003	海尔液晶电视	6200	130	青岛海尔工业园	150		24-四月
100002	100003	格力空调	2300	100	东莞	100		24-四月
100003	100001	中华健齿牙膏	3.3	1000	上海	1		24-四月
100004	100001	雕牌透明皂	2	20	杭州	1		24-四月
100005	100002	意高塑封机	370	30	上海	200		24-四月
100006	100002	晋林支票打印机	2480	30	北京	100		24-四月
100007	100002	晋林点钞机	840	20	北京	50		24-四月
100008		明朝那些事儿(六)	34	300	北京	5		25-四月

图 8-1 商品表示例数据

比如上述例子中编号为 100008 的商品不属于任何类,下面使用左外部连接,可以查出所有商品名称以及这些商品所述类型,由于商品表 PRODUCTS 出于 SQL 语句的左边,可以显示左边表的所有行,如果存在不属于任何类型的行则类型名为空,如结果中的"明朝那些事儿(六)"就不属于任何类:

```
SQL > SELECT p. productname, c. categoryname FROM products p
LEFT OUTER JOIN category c on p. categoryid = c. categoryid;
PRODUCTNAME              CATEGORYNAME
----------------        --------------------

雕牌透明皂               日用品类
中华健齿牙膏             日用品类
晋林点钞机               办公用品类
晋林支票打印机           办公用品类
意高塑封机               办公用品类
格力空调                 电器类
海尔液晶电视             电器类
TCL 液晶电视             电器类
明朝那些事儿(六)
```

8.2.2.2 右外部连接

右外部连接(Right Outer Join)是在两个表之间的一个连接,根据匹配条件以及 join 子句右侧的表的未匹配行来返回相关的行。

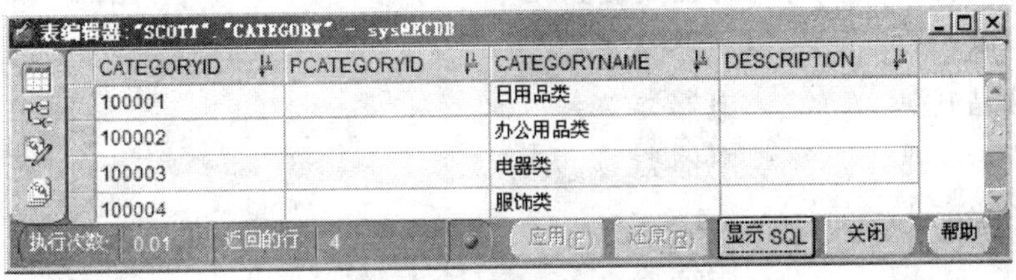

图 8 - 2 商品类别表示例数据

右外连接的作用机制与左外连接刚好相反,它显示右边表的所有数据,比如下列例子中,没有任何商品属于服饰类(100004),服饰类还是显示,但是由于"明朝那些事儿(六)"不属于任何商品类别,因此不显示:

```
SQL > SELECT p. productname, c. categoryname FROM products p
RIGHT OUTER JOIN category c on p. categoryid = c. categoryid;
PRODUCTNAME              CATEGORYNAME
----------------        --------------------

TCL 液晶电视             电器类
```

> 海尔液晶电视电器类
>
> 格力空调电器类
>
> 中华健齿牙膏日用品类
>
> 雕牌透明皂日用品类
>
> 意高塑封机办公用品类
>
> 晋林支票打印机办公用品类
>
> 晋林点钞机办公用品类
>
> 服饰类

8.2.2.3 完全外部连接

完全外部连接（Full Outer Join）是 Oracle9i 新增的。这是在两个表之间的一种连接，它们根据匹配条件返回行，以及根据 Join 子句左侧和右侧的表中未匹配的行来返回相关行。它的作用机制兼有左外连接与右外连接的查询结果：

```
SQL > SELECT p. productname, c. categoryname FROM products p
FULL OUTER JOIN category c on p. categoryid = c. categoryid；
RODUCTNAME              CATEGORYNAME
--------------------    --------------------

雕牌透明皂               日用品类
中华健齿牙膏             日用品类
晋林点钞机               办公用品类
晋林支票打印机           办公用品类
意高塑封机               办公用品类
格力空调                 电器类
海尔液晶电视             电器类
TCL 液晶电视             电器类
明朝那些事儿（六）
                        服饰类
```

8.3 子查询

子查询（Subquery）就是一个查询中的查询。子查询构成了具有多个部分的查询；子查询可以回答一部分的问题，父查询回答另一部分。当你把多个子查询嵌套的时候，最内层的查询最先被求值。子查询嵌套在 SELECT、INSERT、UPDATA、DELETE 语句或其他子查询中。子查询也称为内部查询或内部选择，而包含子查询的语句也称为外部查询或外部选择。

子查询能够将比较复杂的查询分解为几个简单的查询。而且子查询可以嵌套,嵌套查询,首先执行内部查询,它查询出来的数据并不被显示出来,而是传递给外层语句,并作为外层语句的查询条件来使用。

嵌套在外部 SELECT 语句中的子查询包含以下组件:

(1)包含标准选择列表组件的标准 SELECT 查询;

(2)包含一个或多个表或者视图名的标准 FROM 子句;

(3)可选的 WHERE 子句;

(4)可选的 GROUP BY 子句;

(5)可选的 HAVING 子句。

子查询的 SELECT 查询总是用圆括号括起来的,且不能包括 COMPUTE 或 FOR BROWSE 子句,如果同时指定 TOP 子句,则可能包括 ORDER BY 子句。子查询可以嵌套在外部 SELECT、INSERT、UPDATE 或 DELECT 语句 WHERE 或 HAVING 子句内,或者其他子查询中。在 Oracle 数据库中,理论上最多可以使用 255 级嵌套子查询。

例如,如果某用户想找出属于办公用品类的商品名称及价格(但是他不知道办公用品类的类别编号),在这种情况下可以使用模糊子查询先找出办公用品类的编号,然后运行父查询:

```
SQL > SELECT productid, productname, price FROM products WHERE categoryid =
(SELECT categoryid FROM category WHERE categoryname like '%办公%');
PRODUCTID          PRODUCTNAME              PRICE
---------------    ----------------------   --------
100005             意高塑封机                370
100006             晋林支票打印机            2480
100007             晋林点钞机                840
```

值得注意的是:如果某个表只出现在子查询中而不出现在外部查询中,那么该表中的列就无法包含在输出中(外部查询的选择列表)。

子查询可以像一个独立的查询一样进行评估。从概念上讲,子查询结果将代入外部查询汇总。有如下几种常用的子查询:

(1)在通过 IN 引入的列表或者由 ANY 或 ALL 修改的比较运算符的列表上进行操作;

(2)通过无修改的比较运算符(指其后面未接关键字 IN、ANY 或 ALL 等)引入,并且必须返回单个值;

(3)通过 EXISTS 引入的存在测试。

上述 3 中子查询通常采用的格式有下面几种:

(1)WHERE 表达式[NOT]IN(子查询);

(2)WHERE 表达式 比较运算符[ANY| ALL](子查询);

(3)WHERE[NOT]EXISTS(子查询)。

8.3.1　子查询的规则

由于子查询也是使用 SELECT 语句组成,所以在 SELECT 语句应注意的问题,在这里也适用。除此以外,子查询还要受下面条件的限制:

(1)通过比较运算符。引入的子查询的选择列表只能包括一个表达式或列名称(分别对列表进行 EXISTS 和 IN 操作除外)。

(2)如果外部查询的 WHERE 子句包括某个列名,则该子句必须与子查询选择列表中的该列在连接上兼容。

(3)子查询的选择列表中不允许出现 ntext、text 和 image 数据类型。

(4)由于无修改的比较运算符(指其后未接关键字 IN、ANY 或 ALL 等)引入,这类子查询必须返回单个值而且子查询中不能包括 GROUP BY 和 HAVING 子句。

(5)包括 GROUP BY 的子查询不能使用 DISTINCT 关键字。

(6)不能指定 COMPUTE 和 INTO 子句。

(7)由子查询创建的视图不能更新。

(8)按约定,通过 EXISTS 引入的子查询的选择列表由(＊)组成,而不使用单个列名。由于通过 EXISTS 引入的子查询进行了存在测试,并返回 TRUE 或 FALSE 而非数据,所以这些子查询的规则与标准选择列表的规则完全相同。

8.3.2　子查询的类型

可以在许多地方指定子查询,例如:

(1)使用别名时;

(2)使用 IN 或 NOT IN 时;

(3)在 UPDATE、DELETE 和 INSERT 语句中;

(4)使用比较运算符时;

(5)使用 ANY、SOME 或 ALL 时;

(6)使用 EXISTS 或 NOT EXISTS 时;

(7)在有表达式的地方。

8.3.2.1　使用 IN 或 NOT IN

通过 IN 或 NOT IN 引入的子查询结果是一系列零值或更多值。子查询返回结果后,外部查询将利用这些结果。

例如用户只知道商品类别名的情况下,查询不属于"办公用品类"的商品数:

```
SQL > SELECT COUNT( ＊)FROM products p WHERE p. categoryid
IN( SELECT categoryid FROM category WHERE categoryname ! = '办公用品类');
COUNT( ＊)
----------------
5
```

8.3.2.2 UPDATE、DELETE 和 INSERT 语句中的子查询

子查询可以嵌套在 UPDATE、DELETE 和 INSERT 语句中。下面通过用户的订单购买商品总价来判断是否免除商品运费，如果大于或等于 10000，则免除运费；否则计算运费。下面的示例是计算免除运费的情况。下面 3 个图是相应的数据示例：

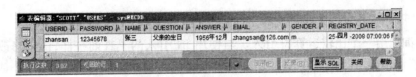

表编辑器："SCOTT"."USERS" - sys@ECDB

USERID	PASSWORD	NAME	QUESTION	ANSWER	EMAIL	GENDER	REGISTRY_DATE
zhansan	12345678	张三	父亲的生日	1956年12月	zhangsan@126.com	m	25-四月 -2009 07:00:06 P

执行次数 0.02 返回的行 1 应用(E) 还原(R) 显示 SQL 关闭 帮助

图 8-3 增加一个用户信息

表编辑器："SCOTT"."ORDERS" - sys@ECDB

ORDERID	CONFIRM_DATE	STOREID	USERID	SHIPPINGTYPE	SHIPPINGFEE	SUM_PRICE	BILL
100001	25-四月 -2009 07:01:01 PM		zhangsan	1	100		

执行次数 0.01 返回的行 1 应用(E) 还原(R) 显示 SQL 关闭 帮助

图 8-4 增加一个订单信息

表编辑器："SCOTT"."ORDER_DETAIL" - sys@ECDB

ORDERID	PRODUCTID	QUANTITY	TOTAL_PRICE	DISCOUNT
100001	100002	2	4600	
100001	100001	1	7000	

执行次数 0.0 返回的行 2 应用(E) 还原(R) 显示 SQL 关闭 帮助

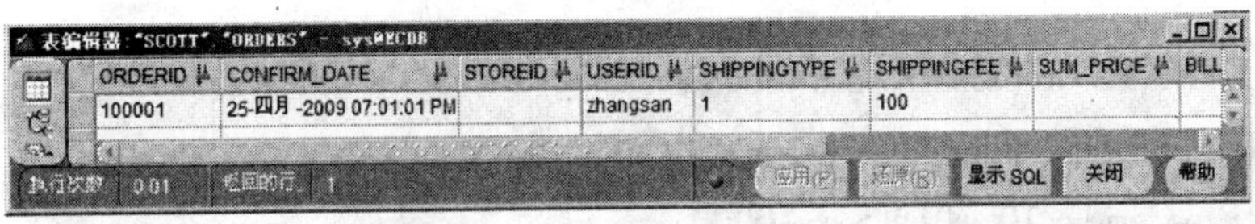

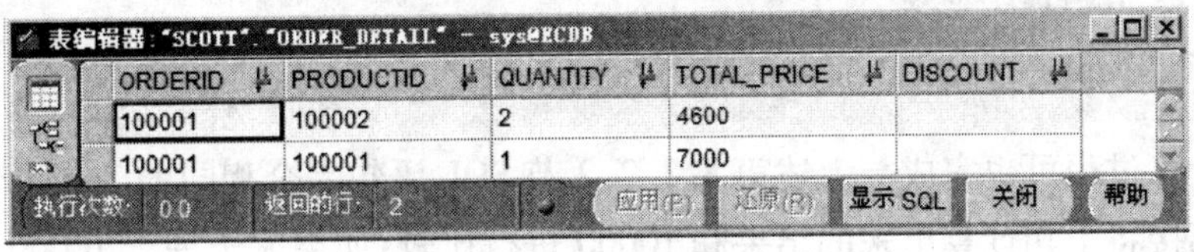

图 8-5 增加订单明细

在上述数据中，用户 zhangsan 的订单号为 1000001 的订单购买两种商品，商品信息保存在订单明细表里，共 3 件，商品编号分别为 100002（2 件，总价为 4600）和 100001（1 件，总价为 7000）。现在要判断如果用户某次订单购买的商品超过 10000 元，则免除其运费，本例结合 EXISTS 子句来完成。

```
SQL > UPDATE orders SET shippingfee = 0 WHERE exists
(SELECT CASE
WHEN sum(total_price) > 10000 THEN 1
WHEN sum(total_price) = 10000 THEN 1
ELSE NULL
END
FROM order_detail WHERE orderid = 100001);
1 row updated
SQL > COMMIT;
Commit complete
```

首先查询子句按照订单号 100001 查询订单明细表,通过 SUM 函数计算该订单购买的所有商品价格的总额,并与 10000 进行比较;如果大于或等于零,则返回 1,否则返回空。这种比较过程通过 CASE...WHEN 结构来进行判断。

其次,通过 EXISTS 子句判断查询子句是否有返回值,如果有,则更新订单信息的运费,使其等于零;否则运费则通过其他公式进行计算。

8.3.2.3 比较运算符的子查询

子查询可由一个比较运算符引入。与使用 IN 引入的子查询一样,由未修改的比较运算符(后面不跟 IN、ANY 或 ALL 等比较运算符)引入的子查询必须返回单个值而不是值列表。如果这样的子查询返回多个值,将提示错误。

下面通过比较运算符对上述例子进行简化:

```
SQL > UPDATE orders SET shippingfee = 0
WHERE(SELECT sum(total_price) FROM order_detail
WHERE orderid = 100001) > = 10000;
1 row updated
SQL > COMMIT;
Commit complete
```

这个计算过程可也完成与上述第 8.3.2.2 节 SQL 语句完全相同的工作,但是要简单得多。它直接将子句计算出来的结果和 10000 进行比较:如果大于等于 10000,则更新订单运费,使其等于零。

练习题

1. 逻辑运算的规则是什么?
2. 子查询的规则是什么?

上机实习

在前面已经创建的数据库上实现下列查询:
1. 练习左、右外连接的用法。
2. 仿照子查询的用法,写出一个 DELETE 子查询语句。

存储过程和函数

【本章要点】

- PL/SQL 子程序概述
- 存储过程和函数的创建
- PL/SQL 子程序编程工具介绍
- 存储过程和函数的使用

【学习要求】

- 了解 PL/SQL 子程序的概念和内涵
- 掌握存储过程和函数的创建技巧
- 掌握在 Java 和 C#语言中调用存储过程与函数的方法

9.1 PL/SQL 子程序

9.1.1 PL/SQL 子程序概念

子程序(Subprograms)就是指那些能够携带参数且能被程序员调用的 PL/SQL 程序块。PLS/QL 包含两种类型的子程序,分别是过程(Procedures)和函数(Functions)。通常情况下,过程用来执行一些行为,而函数主要用来计算值。PL/SQL 子程序包含有一个声明部分、执行部分以及一个可选的异常处理部分。声明部分包含有类型、游标、常量、变量、异常以及嵌套子程序的声明;执行部分包含赋值、控制执行以及 Oracle 数据库操作的语句;异常处理部分包含异常的处理器,用来处理执行时发生异常的处理。下面是过程的一个例子,用来处理从用户账号上扣除购买货物所花的虚拟货币。

```
PROCEDURE deduct_account(userno VARCHAR2,amount FLOAT) IS
    old_balance FLOAT;
    new_balance FLOAT;
    overdrawn EXCEPTION;
  BEGIN
```

```
SELECT vmoney INTO old_balance FROM users WHERE userid = userno;
    new_balance : = old_balance − amount;
    IF new_balance < 0 THEN
        RAISE overdrawn;
    ELSE
    UPDATE users SET vmoney = new_balance WHERE userid = userno;
    COMMIT;
    END IF;
    EXCEPTION
        WHEN overdrawn THEN
            ROLLBACK;
END deduct_account;
```

当这个过程被调用时,它接受一个账号参数和取款数目参数。该过程使用账号参数取出用户账号上的存款数目,然后使用取款数目和存款数目计算出账号的余款。如果余款小于零,则引发一个异常,因为账号上的余额不够用户的取款额;否则更新账号上的余款数目。

9.1.2 PL/SQL 子程序的优势

PL/SQL 子程序具有如下 3 个明显的优势:

(1)具有很强的扩展性,能够很好地满足用户需求。

(2)提供了很强的模块化功能,能将程序划分为功能相对独立的子模块,这样便于 PL/SQL 程序的管理。这样对于那些需要自顶向下进行设计以及需要细粒度设计以便于问题解决的应用程序来说,非常适用 PL/SQL 子程序。

(3)提升了程序的重用性和可维护性。PL/SQL 子程序一经验证合法,那么该 PL/SQL 子程序可以在所有应用得到重用。如果需求发生改变,仅仅是该子程序需要修改,而使用它的应用则不用修改,这就是 PL/SQL 子程序的可维护性。

9.2 存储过程和函数的创建

9.2.1 创建存储过程

存储过程是执行某个特殊任务的 PL/SQL 子程序,由于存储过程本身的代码经过编译后保存在数据库中以备随时调用,因此称为存储过程,可以按照如下格式来编写存储过程:

[CREATE[OR REPLACE]]

PROCEDURE 存储过程名[(参数1[,参数2]...)]

[AUTHID {DEFINER | CURRENT_USER}]{IS | AS}

[PRAGMA AUTONOMOUS_TRANSACTION;]

[局部变量声明]

BEGIN

　　执行语句

　　[EXCEPTION 异常处理]

　　END[存储过程名];

参数的表达式如下：

参数名[IN | OUT[NOCOPY]| IN OUT[NOCOPY]]

数据类型[{:=| 缺省值} 其他表达式]

Oracle 的 CREATE 语句用来定义和创建独立的存储过程,这些存储过程保存在数据库中,创建语句中用[]方括号括起来的部分都是可选的(下同)。用户可以在 SQL Plus 使用 CREATE PROCEDURE 语句来创建存储过程,也可以使用第三方工具来创建存储过程,比如 PL/SQL Developer。AUTHID 语句用来确定存储过程是被它的拥有者(即 definer)来调用,还是可以被授权的当前用户(current_user)来调用;缺省情况下是被拥有者来调用。

PRAGMA AUTONOMOUS_TRANSACTION 语句指定了 PL/SQL 编译器为该存储过程单独设定一个事务,即该存储过程的事务是自治的(Autonomous)。自治事务可以让子程序挂起暂停主事务(所谓主事务就是调用该子程序的事务)的执行,然后执行子程序的 SQL 语句,提交或者回滚这些操作,然后再继续执行主事务。

值得注意的是,存储过程的形参不能限制参数类型的长短。比如下面这个形参的定义方式是非法的:userno VARCHAR2(10)。因为它为 VARCHAR2 数据类型限制了长短。但是用户可以使用如下方式简介地为形参类型限制长短。

DECLARE SUBTYPE VARCHAR2TEN IS VARCHAR2(10);

PROCEDURE deduct_account(userno VARCHAR2TEN,...

存储过程包含有两个部分:说明和主体。存储过程说明以 PROCEDURE 关键字开头,以存储过程的名字或参数列表结尾。参数声明是可选的,如果存储过程没有参数,则可以省略用来包含参数的圆括号。存储过程的主题以关键字 IS 或 AS 开头,以关键字 END 结尾,END 关键字的后面可接上存储过程的名字,也可以省略。存储过程的主题包含有 3 个部分:声明部分、执行部分以及可选的异常处理部分。声明部分包含在 IS(或 AS,下同)和 BEGIN 之间,它包含了存储过程的局部变量的声明。执行部分包含有 PL/SQL 语句,被包含在 BEGIN 和 EXCEPTION(或 END)之间。在存储过程的执行部分需要至少一句 PL/SQL 语句,哪怕是空的存储过程,也要有一个 NULL 语句。异常处理部分包含有异常的处理语句,包含在 EXCEPTION 和 END 之间。

下面是一个为电子商务用户虚拟货币账号充值的存储过程:

```
CREATE or REPLACE PROCEDURE raise_vmoney(userno VARCHAR2,amount FLOAT/*参数列表
*/)/*过程说明*/ AS
    current_vmoney FLOAT;--局部变量
    vmoney_missing EXCEPTION;
BEGIN
    --存储过程主体,PL/SQL 语句
    SELECT vmoney INTO current_vmoney FROM users WHERE userid = userno;
    IF current_vmoney IS NULL THEN
        RAISE vmoney_missing;
ELSE
    UPDATE users SET vmoney = vmoney + amount WHERE userid = userno;
    COMMIT;
    END IF;
EXCEPTION --异常处理
    WHEN NO_DATA_FOUND THEN
        DBMS_OUTPUT. put_line(userno||':该用户不存在');
    WHEN vmoney_missing THEN
        DBMS_OUTPUT. put_line(userno||':该用户的虚拟货币为空');
END;
```

当该存储过程被调用时,接收一个用户 ID 和充值数目作为参数。它使用用户 ID 号将用户当前的虚拟货币数目查询出来。如果该用户不存在或者当前的虚拟货币为空,则触发异常;否则,为该用户的虚拟货币进行充值。

9.2.2 创建函数

另外一种最主要的 PL/SQL 子程序就是函数(function),它的主要功能就是用来计算值。除了需要有一个 RETURN 表达式以外,函数与存储过程在结构上非常相似。函数的编写方式如下:

[CREATE[OR REPLACE]]FUNCTION 函数名[(参数[,参数]...)]
    RETURN 数据类型
    [AUTHID{DEFINER | CURRENT_USER}]
    [PARALLEL_ENABLE[{[CLUSTER 参数 BY(列名[,列名]...)]|[ORDER 参数
BY(列名[,列名]...)]}]]
    [(PARTITION 参数 BY {[{RANGE | HASH} 列名[,列名]...)]| ANY})]]
    [DETERMINISTIC][PIPELINED[USING 实现类型]]
    [AGGREGATE[UPDATE VALUE][WITH EXTERNAL CONTEXT]
USING 实现类型]{IS | AS}
    [PRAGMA AUTONOMOUS_TRANSACTION;]

［本地变量声明］

BEGIN

执行语句

［EXCEPTION 异常处理］

END［函数名］；

上述 CREATE 子句就是用来创建函数的，该函数也被保存在数据库中，以备用户调用；"OR REPLACE"为可选，加上这个子句表示如果数据库里保存有与该函数名字相同的另一个函数，那么已有的函数将被新的函数代替。同理，我们可以在 SQL Plus 中执行 CREATE 子句，也可以在第三方工具中创建函数。AUTHID 子句用来确定函数是被它的拥有者（即 definer）来调用，还是可以被授权的当前用户（current_user）来调用；如果不指定该子句那么该函数将只能被该函数的拥有者来调用。PARALLEL_ENABLE 选项声明该函数可以在并行 DML 环境下安全使用，这种安全机制可以保证多个调用者在隔离的会话（Session）环境下分别同时调用该函数；每个会话都有它自己独立的状态，这样就可以保证每个会话里调用函数的安全性。

DETERMINISTIC 指示语句可以帮助 Oracle 的优化器避免多余的函数调用。如果存储函数被调用之后，后面第二次调用如果参数和前一次调用的参数一样，那么优化器就直接使用前一次调用的结果，而不用再次执行该函数，这样就可以节约很多时间和资源。PL/SQL 的函数不依赖会话变量以及 Oracle 数据库对象的状态。否则，多次调用的结果可能就不一样。

AUTONOMOUS_TRANSACTION 和存储过程的用法一样，它让该函数的事务自治。同样也可以挂起主事务的执行，执行完自己的事务之后，然后再继续执行主事务。同理，函数同样不能直接限定参数数据类型的长短，但是同样可以通过声明子类型的方式来简介限定参数数据类型的长短。

函数的说明以 FUNCTION 开始，以 RETURN 子句结尾，RETURN 子句指定了返回值的数据类型，这点与存储过程不同。参数声明是可选的，如果函数没有参数，那么用来包含参数的圆括号也可以省略。函数主题以 IS（或 AS）开始，以 END 关键字结尾，END 关键字后面可以接函数名，也可以不接。函数主体由 3 个部分构成：声明部分、执行部分和可选的异常处理部分。声明部分放在 IS 和 BEGIN 关键字之间。执行部分放在 BEGIN 和 EXCEPTION（或 END）之间，函数的执行部分必须具有一个或多个 RETURN 语句，用来返回函数的计算结果给用户。异常处理部分包含了函数的异常处理语句，它被放在 EXCEPTION 和 END 关键字之间。

下面这个函数用来判断用户账户上的虚拟货币足够支付定购商品的总金额，该函数返回 1，表示用户虚拟货币数量足够支付订单，否则返回 0。

```
CREATE or REPLACE FUNCTION vmoney_enough(userno VARCHAR2)RETURN int AS
  current_vmoney   FLOAT；－－用户所有的虚拟货币
  sum_cost   FLOAT；－－订单上应付金额的总和
```

```
        vmoney_missing;
EXCEPTION;
BEGIN
    SELECT vmoney INTO current_vmoney FROM users WHERE userid = userno;
    IF current_vmoney IS NULL THEN
        RAISE vmoney_missing;
    END IF;
    --根据用户 ID 查询该用户交易未完成的应付金额的总和。status 字段值为 0 时表示订单还
      没支付。
    SELECT sum_price
        INTO sum_cost
        FROM orders
    WHERE userid = userno AND status = 0;
    IF sum_cost IS NULL THEN
        sum_cost : = 0;
    END IF;
    --比较用户虚拟货币和应付金额确定该用户的虚拟货币是否足够。
    IF current_vmoney > sum_cost or current_vmoney = sum_cost THEN
        RETURN(1);
    ELSE
        RETURN(0);
    END IF;
        EXCEPTION
    WHEN vmoney_missing THEN
        RETURN(0);
    END vmoney_enough;
```

上述函数接收用户 ID 作为参数查询出该用户账户上的虚拟货币,然后查询出用户未支付订单的应付金额总和;将两者进行比较如果前者大于后者,则返回 TRUE,否则返回 FALSE。注意在 Orders 表里,有一个 status 字段(列),用来表示该订单是否已经支付,state 为 0 时表示未支付;为 1 时表示已经支付。如果该用户所拥有的 vmoney 为空,则引发 vmoney_missing 异常,在该异常处理语句里,函数返回 FALSE。

与存储过程不同,函数可以在表达式里被调用,比如在某个存储过程里有这样一句:

IF vmoney_enough(userid) THEN ...

上述语句将函数 vmoney_enough 放在另外一个表达式里使用。

9.2.3 PL/SQL 子程序的参数

9.2.3.1 实参和形参

存储过程和函数使用参数传递信息。参数列表里所使用的变量或者表达式我们称之为实参,实参一般是用户调用子程序时所使用的参数。比如:

raise_vmoney(username,addedamount);

这里的 username 和 addedamount 两个变量是事先声明且赋了值的,用来调用 raise_vmoney 存储过程。下面一个调用显示作为实参的表达式:

raise_vmoney(username,addedamount + another);

其中 addedamount + another 就是一个表达式,用户在调用存储过程后,Oracle 实现计算出表达式的值,然后使用运算结果来调用该存储过程。

在子程序的说明部分声明的以及在子程序的主体部分被引用的参数称之为形参。比如上述 vmoney_enough 函数中就有一个形参 userno,该参数在说明中声明,在子程序主体的语句中也被作为查询条件来使用。

将形参和实参使用不同的名字是一个良好的编程习惯。比如用户在调用 raise_vmoney 存储过程时使用 username,addedamount 和两个参数名,这样和形参名 userno 和 amount 区别开来。如果需要,在将实参的值赋给形参时,PL/SQL 有可能对实参值的数据类型进行转换,比如下列存储过程调用:

raise_vmoney(username,'2500');

其中,'2500'是一个用单引号括起来的字符串,但是该存储过程的第二个参数的数据类型是 FLOAT 类型,因此 PL/SQL 在调用 raise_vmoney 之前先将'2500'转换成 FLOAT 数据类型。实参与其相对应的形参的数据类型必须兼容,所谓兼容就是两者要么一致,要么能通过 PL/SQL 进行转换,比如前面字符串转换成数字型数据类型。如果数据类型不兼容,那么调用子程序就会出错,比如'UI123.456'字符串和 FLOAT 类型就不兼容,因为它里面含有非数字字母'UI',所以不能被转换成数字。比如下面调用就会报 VALUE_ERROR 异常:

raise_vmoney(username,'￥2500');--注意人民币符号

9.2.3.2 子程序的定位与命名符号

当调用子程序时,用户可以通过定位或命名符号来书写实参,也就是说可以使用定位或命名符号来指示形参与实参之间的对应关系。比如用户可以如下面这样在 PL/SQL 程序中使用 DECLARE 关键字来调用子程序。

```
DECLARE
  username VARCHAR2(11);
  amt FLOAT;
BEGIN
```

```
raise_vmoney(username,amt); - - positional notation
    raise_vmoney(amount = > amt,userno = > username); - - named notation
    raise_vmoney(userno = > username,amount = > amt); - - named notation
    raise_vmoney(username,amount = > amt); - - mixed notation
END;
```

（1）使用定位符号（Positional Notation）

第一个调用是定位方式。PL/SQL 编译器将第一个实参 username 和第一个形参 userno 关联起来；将第二个实参 amt 和第二个形参 amount 关联起来。

（2）使用命名符号（Named Notation）

第二个调用是命名方式，该方式使用" => "作为关联操作符，它可以将该符号左边形参与右边的实参结合起来。第三个调用方式表名如果使用命名方式可以使用任意顺序的参数来调用子程序。所以用户就不用知道子程序里的形参顺序。

（3）使用混合符号（Mixed Notation）

第四种调用方式表明我们可以使用定位与命名一起混合方式来调用子程序。在这种调用方式中 username 则是使用定位方式，第二种 amount => amt 则是使用命名方式。但是如果将参数的顺序掉转过来，则是非法的，比如 raise_vmoney(amount => amt, username)。

9.2.3.3　指定子程序参数的模式

用户可以定义形参的行为方式。形参一共有 3 种模式：IN,OUT 和 IN OUT。但是，在函数中要避免使用 OUT 和 IN OUT 模式。函数的目的就是传入参数然后返回唯一值。如果让函数返回多个值并非良好的编程习惯。函数也需要避免更改传入的实参值。

（1）IN 模式

使用 IN 模式的参数直接传递到子程序，在子程序里，这种模式的参数相当于常数，所以不能更改它的值。比如下述例子会导致编译错误：

```
CREATE or REPLACE PROCEDURE raise_vmoney(userno VARCHAR2,amount IN FLOAT)AS
    current_vmoney FLOAT;
    vmoney_missing EXCEPTION;
    min_addedmoney CONSTANT FLOAT DEFAULT 100.0; - - 最少加100元
BEGIN
    SELECT vmoney INTO current_vmoney FROM users WHERE userid = userno;
    IF amount < min_addedmoney THEN
    amount := min_addedmoney; - - 此句会导致编译错误，因为 amount 形参为 IN 模式,不能赋值。
    END IF;
    …… - - 下面代码省略
END;
```

当用户调用该存储过程时,由于 amount 参数为 IN 模式,因此它是不能被赋值或者是更改它的值。而且与 OUT 以及 IN OUT 模式的参数不同,IN 模式的参数如果没有赋值,PL/SQL 会为其指定一个缺省值。

(2)OUT 模式

OUT 模式的参数允许将参数的值返回给调用者。在子程序内部,OUT 模式的参数作为变量存在而不是常量。这就意味着用户可以使用 OUT 形参作为子程序的局部变量。用户可以任意改变它的值。电子商务系统可以根据客户每份订单应付金额进行折扣优惠,比如应付总金额大于 1 000,小于 2 000 打 9 折;大于 2 000 小于 4 000,打 85 折;4 000 以上打 8 折,因此需要进行计算,此需求可以使用函数来完成,也可以使用 OUT 模式参数的存储过程来完成:

```
CREATE or REPLACE PROCEDURE discount(orderno VARCHAR2,cost OUT FLOAT)AS
    missing_payment EXCEPTION;
BEGIN
    SELECT billing_price INTO cost FROM orders WHERE orderid = orderno;
    IF cost IS NULL THEN
        RAISE missing_payment;
    END IF;
    IF cost > = 1000 AND cost < 2000 THEN
        cost : = cost * 0.9;
    ELSIF cost > = 2000 AND cost < 4000 THEN
        cost : = cost * 0.85;
    ELSIF cost > = 4000 THEN
        cost : = cost * 0.8;
    END IF;
EXCEPTION
    WHEN missing_payment THEN
        cost: = null;
END discount;
```

在上述例子中,用户可以在其他语言(比如 Java,C#等)中调用该存储过程,传递一个订单号以及一个 cost 变量进去,调用完毕之后,该变量可以根据具体情况进行打折,并将打折后的结果返回给调用者(实际上将结果返回到调用该存储过程语言的变量)。OUT 模式的参数有个限制,就是用户传递进去的与 OUT 模式形参相对应的实参不能是表达式或常量。比如下述调用方式就是错误的:

discount('7499',cost + tax);

该例子将花费与消费税之和的表达式作为 cost 形参的实参,调用该存储过程,那么这种调用过程将会产生编译错误。

在退出子程序之前,程序员一般要为 OUT 模式的形参赋值。否则,相应的实参将会被赋为 NULL。如果能够成功退出子程序,PL/SQL 一般会为实参赋值;否则如果程序发生异常而退出,PL/SQL 将不会为实参赋值,除非在异常处理里为实参赋值。

(3) IN OUT 模式

IN OUT 模式的参数允许传递初始值到被调用的子程序里去,然后返回一个被更改后的值给调用者。在子程序里,一个 IN OUT 参数如同被赋予初始值的变量一样。因此,它可以被赋值,也可以将它的值赋给其他变量。与 IN OUT 形参相对应的实参必须是变量,而不能是常量或表达式。如果能够成功退出子程序,PL/SQL 将为与该形参相对应的实参赋值;同理,如果子程序因异常而退出,那么 PL/SQL 将不能为实参赋值。

(4) 参数模式总结

表 9-1　参数模式行为方式总结表

IN	OUT	IN OUT
有缺省值	必须显式赋值	必须显式赋值
传递值到子程序	返回值到调用者	传递初始化值到子程序,然后返回修改后的值
该模式的形参就像常量	该模式形参就像变量	该模式的形参就像初始化后的变量
形参不能被赋值	该模式的形参必须要被赋值	该模式的形参一般要赋值,但是也可以不赋值
该模式形参所对应的实参可以是常量、表达式、初始化后的变量	实参必须是变量	实参必须是变量
实参通过引用传递	实参通过值传递	实参通过值传递

9.3　PL/SQL 子程序编程工具的使用

PL/SQL Developer 是商业软件,因此,可以在网上搜索试用版安装学习使用。下面通过案例来解说该工具的使用方法。

(1) 启动并登录 PL/SQL Developer,如图 9-1。在弹出窗口中输入用户账号,比如 SCOTT,输入口令,在"Database"下拉框中选择需要连接的目标数据库。一般来说,数据库服务器与运行 PL/SQL Developer 的开发机不在同一台计算机上,这个时候需要在开发机上安装 Oracle 数据库客户端软件,并且按照第 3.3.2 节 Oracle 客户端网络配置,所示方法配置客户端网络连接。一旦配置完成,PL/SQL Developer 软件可以自动探测到数据库的本地服务名,并加到"Database"下拉框中,用户需要连接时,直接选择就可以了。"Connect as"一般选择"Normal"缺省选项就可以了。点击"OK",如果连接成功之后,会显示如图 9-2 的界面,这个界面就是 PL/SQL Developer 的工作窗口。

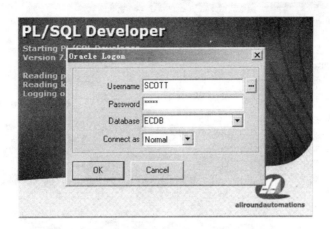

图 9-1   PL/SQL Developer 启动界面

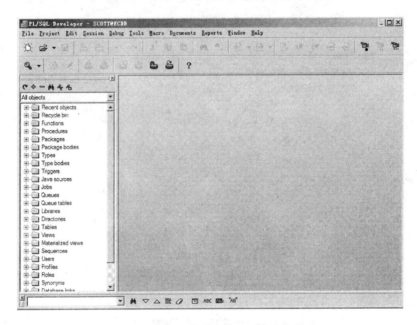

图 9-2   PL/SQL Developer 的工作窗口

(2)点击该窗口的左边上部显示有"All Objects"的下拉框,然后选择"My Objects"。这样在下拉框下面的列表框里就会只显示登录用户所拥有的各种类型的对象,如图 9-3。

(3)现在用户可以创建各种数据库对象了。以创建存储过程为例来说明 PL/SQL Developer 的用法。首先在列表框中右键单击"Procedures",在弹出菜单中点击"New..."如图 9-4 所示。

(4)点击"New..."之后会弹出一个对话框,如图 9-5 所示。在"Name"中填入存储过程名字,比如:raise_vmoney;在"Parameters"中填入参数名及参数的数据类型,如果有多个参数,则用逗号分开,点击"OK"。

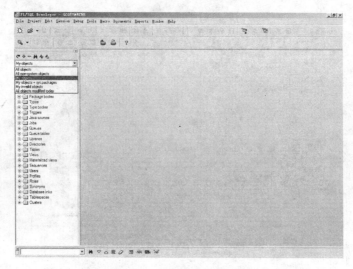

图9-3　选择显示对象

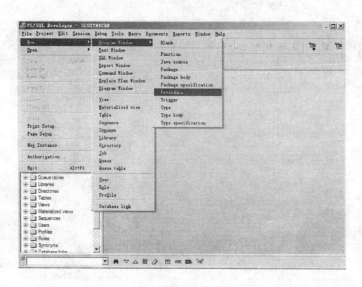

图9-4　创建新存储过程第一步

（5）PL/SQL Developer工具会在右边面板中自动生成存储过程代码框架，如图9-6所示。

（6）然后就可以在框架里填入代码了，比如 raise_vmoney 存储过程的代码，如图9-7所示。PL/SQL Developer工具用户体验非常友好，比如代码自动提示、关键字高亮显示、注释突出显示、自动缩进等格式化功能。

（7）代码输入完毕之后检查没有错误就可以点击 PL/SQL Developer 左上角那个齿轮图标，就可以运行编写的存储过程代码了，从而创建存储过程，并将存储过程保存在数据库里，如图9-8中圆框所示的图标。

（8）如果用户编写的存储过程代码没有错误，存储过程将创建成功。那么用户可以使用

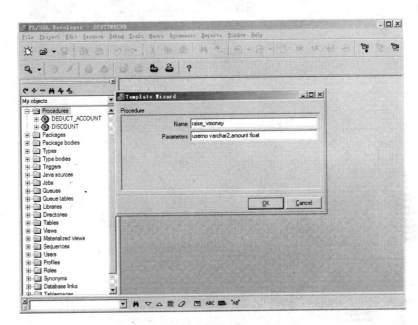

图9-5 存储过程对话框

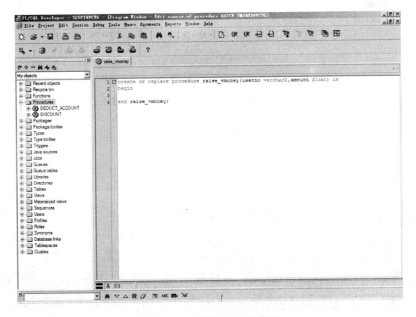

图9-6 存储过程代码框架

图 9-7 输入和编辑存储过程代码

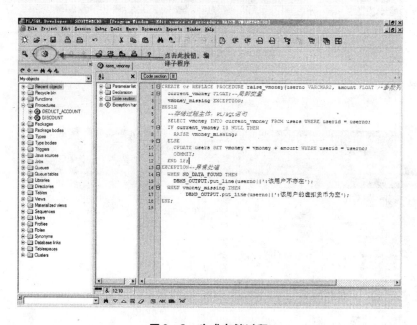

图 9-8 生成存储过程

PL/SQL Developer 的测试工具对存储过程进行测试。在窗口左边列表框里点击"Procedures"文件夹,将其打开;在子文件夹中会出现用户刚才创建的存储过程的名字比如"RAISE_VMONEY",然后右键单击该存储过程,在弹出菜单中选择"Test",如图 9-9 所示。

(9)在测试界面中右边面板的下方会显示存储过程参数列表,在列表最右边可以输

图9-9 启动测试界面

入测试数据(图9-10)。比如为 raise_vmoney 存储过程 userno 参数指定值zhangsan,为 amount 参数指定值为 10 000,即为用户 ID 为 zhangsan 的用户充值 10 000 元。既然是测试数据,那么在用户表里最好有 ID 为 zhangsan 的用户,这样可以看到测试结果。在填写完测试数据后点击右上角的齿轮图标,运行测试。运行完之后可以通过在 SQL Plus 工具里将用户 ID 为 zhangsan 的数据通过 select 语句查询出来,和运行测试之前的虚拟货币值进行比较,就可以查看测试是否成功。

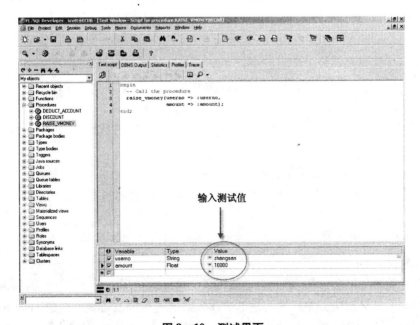

图9-10 测试界面

PL/SQL Developer 工具除了可以创建存储过程以外,还有很多其他功能,比如创建函数、创建包,作为命令行工具来执行 SQL 语句;还可以设置断点来调试复杂的存储过程或函数等,程序代码出现错误时,PL/SQL Developer 工具还会显示错误列表,点击列表中的某条错误还可以高亮显示产生该错误的子程序语句,使用户对错误及其发生地点一目了然。读者可以参考相关资料详细了解 PL/SQL Developer 的功能。

9.4 存储过程和函数的使用

当今构建电子商务系统的解决方案主要有 Sun 公司开发的基于 Java 语言的 JavaEE 以及 Microsoft 的 DotNet 方案,后者使用的编程语言有 Basic、C#等。本节将介绍 Oracle 存储过程和函数在这两种语言中的使用方法。

9.4.1 在 Java 语言中使用存储过程和函数

Java 是一种软件技术,由美国 Sun 计算机公司所研究而成,为 Internet 发展的计算机语言。它能使网页(Web Page)由静态(Static)转变为动态(Dynamic)的语言,简化了 C++语言的复杂语法。Java 既是一个编程语言也是开发环境和运行环境。它具有如下优点和功能:

(1)语法简单克服了传统 C++语言那种复杂的语法以及复杂的(或繁杂的)指针处理;

(2)稳固运行非常稳定,内存泄漏等现象要比 C++少得多;

(3)纯面向对象 Java 语言完全实现了面向对象编程思想;

(4)安全 Java 语言具备一系列的机制用来保证其运行的安全性,比如字节码检验机制能保证 Java 代码在网络上传递时不被篡改;

(5)多线程 Java 的线程功能非常强大,能够极大提高使用 Java 语言编写的应用程序性能;

(6)分布式可以使用 Java 语言编写出强大的分布式应用系统,从水平方向来扩展应用系统的功能和性能;

(7)Java 是一种与平台无关的半编译半解释语言,Java 可以编译成独立于不同操作系统平台的字节码,然后在不同平台上的 Java 虚拟机上解释运行,从而达到跨平台性的效果;

(8)由于 Java 的跨平台性,使 Java 应用系统的可移植性非常好,达到编译一次,随处运行的效果。

正是由于 Java 的上述特点,使它迅速风靡全世界。很多电子商务运营商将 Java 以及构建在 Java 的各种解决方案作为构建电子商务系统的首选。特别是构建 JavaEE(即 Java 企业版)是构建电子商务系统的可靠平台。它包含有 13 类常用核心技术,其中 JDBC

（Java Database Connection，Java 数据库连接）是 Java 语言的数据库操作 API。利用 API，JavaEE 应用系统能够高效安全地操作各种数据库，其中也包括 Oracle。

9.4.1.1 Java 调用存储过程

下面以前文创建的 raise_vmoney 为例来讲解 JDBC 如何调用 Oracle 的存储过程。比如要在 JavaEE 应用系统中调用存储过程将用户 ID 为 zhangsan 用户的虚拟货币充值 2000 元。可以编写一个 Java 类来完成该功能，类名为 VmoneyRaiser. java，该类有个方法 raise Vmoney 专门用来调用 raise_vmoney 存储过程。代码如下（在 JDK 1.4 和 Oracle 9.2 环境下测试通过，后面的 Java 代码也是相同环境下测试）：

```java
import java. sql. * ;
public class VmoneyRaiser {
  public void raiseVmoney( String userId, float amount) {
    Connection conn = null;
    CallableStatement cs = null;
    try {
      //加载 Oracle 数据库 JDBC 驱动程序
      Class. forName( "oracle. jdbc. driver. OracleDriver" );
      / * 获取数据库连接。getConnection 方法的三个参数分别是 Oracle 数据库的 URL,账号(如
          scott),口令(如 tiger)。根据不同的数据库须进行相应修改 * /
      conn = DriverManager. getConnection(
          "jdbc:oracle:thin:@127. 0. 0. 1:1521:ECDB" ,"scott",
          "tiger" );
      / * JDBC 调用数据库存储过程的标准方式,注意格式" {call raise_vmoney(?,?)}"。问号按
          照顺序分别代表存储过程的形参。 * /
      cs = conn. prepareCall( " {call raise_vmoney(?,?)}" );
      //设置存储过程的实参。
      cs. setString(1 ,userId);
      cs. setFloat(2 ,amount);
      //调用存储过程
      cs. execute( );
    } catch( Exception e) {
      e. printStackTrace( );
    } finally {
      try {
        if( conn ! = null && ! conn. isClosed( ))
          conn. close( );
        if( cs ! = null) {
          cs. close( );
        }
```

```
    | catch(SQLException ee) {
        ee. printStackTrace();
    }
    }
}
}
```

再构建一个测试类 VmoneyRaiserTest. java,该类用来测试 VmoneyRaiser 类的 raiseVmoney 方法是否能够正常工作,代码如下:

```
public class VmoneyRaiserTest {
    /**
     * @param args
     */
    public static void main(String[] args) {
        //生成一个新 VmoneyRaiser 对象 vr
        VmoneyRaiser vr = new VmoneyRaiser();
        String userId = "zhangsan";
        float amount = 2000;
        //调用 raiseVmoney 方法。
        vr. raiseVmoney(userId, amount);
    }
}
```

上述程序代码可以在诸如 Eclipse、MyEclipse、IEDA、JBuilder 等工具调试运行。也可以直接使用 UltraEdit、EditPlus 等工具进行编辑之后,使用 JDK 来编译和运行。编译运行时注意如下几点事项:

(1)使用 JDBC 来调用 Oracle 存储过程和函数,必须要将 Oracle 的 JDBC 驱动程序包加入到编译和运行路径中。Oracle 的驱动程序包文件名为 ojdbc14. jar,可以从 Oracle 公司网站下载。

(2)使用 JDK 手工编译和运行时,先编译 VmoneyRaiser. java 然后再编译 VmoneyRaiserTest. java,然后直接运行 VmoneyRaiserTest 即可。

(3)在运行上述代码之前,必须在 Users 表里实现插入一条测试数据。该表 USERID 字段的值设为 zhangsan,VMONEY 字段的值设为一个大于 0 的浮点数,比如 2 000。

9.4.1.2 Java 调用函数

下面以 vmoney_enough 函数为例来说明 Java 如何调用 Oracle 函数的,该函数有一个参数调用者输入用户的 ID,判断该用户账号上的虚拟货币剩余金额是否足够支付订单上所购买商品的总金额,如果足够则返回 1,否则返回 0。代码如下:

```java
import java.sql.CallableStatement;
import java.sql.Connection;
import java.sql.DriverManager;
import java.sql.SQLException;
import java.sql.Types;
public class VmoneyHandler {
  /**
   * 用来判断指定 userId 的用户上的虚拟货币金额是否
   * 足够支付该用户的订单购买商品的金额。
   * @param userId
   * @return
   */
  public boolean isVmoneyEnough(String userId) {
    boolean result = false;
    Connection conn = null;
    CallableStatement cs = null;
    try {
      // 加载 Oracle 数据库 JDBC 驱动程序
      Class.forName("oracle.jdbc.driver.OracleDriver");
      /* 获取数据库连接。getConnection 方法的三个参数分别是 Oracle 数据库的 URL,
       * 账号如 scott,口令如 tiger。根据不同的数据库设置不同参数
       **/
      conn = DriverManager.getConnection(
        "jdbc:oracle:thin:@127.0.0.1:1521:ECDB","scott",
        "tiger");
      /*
       * JDBC 调用数据库存储过程的标准方式,注意格式"{? = call vmoney_enough(?)}"。
       * 问号按照顺序分别代表函数的形参。
       */
      cs = conn.prepareCall("{? = call vmoney_enough(?)}");
      /* 设置 Oracle 函数的实参。注意第一个实参是一个 OUT 模式的实参
       * 所以必须使用 registerOutParameter 方法来注册该实参及其模式,
       * 并指定参数数据类型为整形(即 Types.INTEGER)
       **/
      cs.registerOutParameter(1,Types.INTEGER);
      cs.setString(2,userId);
      // 调用 Oracle 函数
      cs.execute();
      //获取 Oracle 函数的返回值
```

```
    result = cs. getBoolean(1);
      } catch(Exception e) {
        e. printStackTrace();
      } finally {
        try {
          if( conn ! = null && ! conn. isClosed( ) )
            conn. close( );
          if( cs ! = null) {
            cs. close( );
          }
        } catch( SQLException ee) {
          ee. printStackTrace( );
        }
      }
  return result;
  }
}
```

下面是测试类 VmoneyHandlerTest 的代码:

```
public class VmoneyHandlerTest {
    /**
     * 测试 ViewHandler 类的方法
     * @param args
     */
public static void main( String[ ] args) {
    VmoneyHandler vh = new VmoneyHandler( );
    String userId = "zhangsan";
    // 测试 VmoneyHandler 对象的 isVmoneyEnough 方法。
    if( vh. isVmoneyEnough( userId) )
      System. out. println("用户" + userId + "账号上剩余虚拟货币足够支付订单。");
    else
      System. out. println("用户" + userId + "账号上剩余虚拟货币不足支付订单,请充值。");
  }
}
```

几点说明:

(1) Oracle 函数和存储过程的调用大致类似。差别在于函数有返回值,因此必须使用 CallableStatement 对象的 registerOutParameter 方法来注册返回值及其数据类型。其实,存储过程也可以返回值,而且与函数不同的是,存储过程可以返回多个值。

(2) 使用 JDK 手工编译和运行时,先编译 VmoneyHandler. java 然后再编译

VmoneyHandlerTest. java。然后直接运行 VmoneyHandlerTest 即可。

（3）在运行上述代码之前，必须为 Users 和 Orders 两张表插入测试数据。Users 表的测试数据可以使用第 9.4.1.1 节即调用存储过程这节的数据；Orders 表插入两条以上的数据：第一条数据，ORDERID 字段的值设为 100001，STATUS 字段的值设为 0。那么显然根据第 8 章的示例数据，USERID 为 zhangsan 的用户 100001 号订单共应支付 11 600 元，而该用户的虚拟货币值为 12 000，所以应该是足够支付所购买商品的，运行 VmoneyHandlerTest 的结果应该显示"用户 zhangsan 账号上剩余虚拟货币足够支付订单。"

9.4.2　在 C#语言中使用存储过程和函数

Microsoft 公司开发 DotNet 是为抗衡 Java 在互联网时代获得的巨大成功。它是构建在 . Net Framework 框架之上的，它包含如下一系列的技术：

（1）C#是一种新写的描述构件的语言，它将 C、C ++ 和 Java 的元素集成起来，并独具特点如元数据标记、相关元素的开发。

（2）"公共语言运行时"以中间语言（IL）格式，运行字节代码，用一种语言写的代码和对象只要编译器是针对这种语言开发的，显然能够编译成 IL 运行时。

（3）一组基本的可从"公共语言运行时"访问的构件（元件），它可提供各种功能（如联网功能、包容器功能等）。

（4）ASP. NET 是新的 ASP 版本，支持将 ASP 编译成公共语言运行时功能（所以用任何语言写的 ASP 脚本，都能和 IL 捆绑在一起）。

（5）视窗格式和 Web 格式是一种新的可从 Visual Studio 访问的 UI 构件框架。

（6）ADO 将 XML 和 SLAP 用于数据交换的新一代 ADO 数据访问构件（元件）。

与 Java 类似，DotNet 解决方案同样具有安全性、可移植性、跨平台性的特点。而且与 Java 相比，DotNet 技术与 Microsoft 公司的其他技术和产品集成度非常高，形成比较完整的产品线。因此，DotNet 技术也成为构建电子商务系统的一个优秀解决方案。下面以 C# 为例来讲解如何调用 Oracle 存储过程和函数。

9.4.2.1　C#调用存储过程

下面以前文创建的 raise_vmoney 为例来讲解 C#如何调用 Oracle 的存储过程。比如要在 DotNet 应用系统中调用存储过程将用户 ID 为 zhangsan 用户的虚拟货币充值 2 000 元。可以编写一个 C#类来完成该功能，文件名为 VmoneyRaiser. cs，该类有个方法 raise Vmoney 专门用来调用 raise_vmoney 存储过程。代码如下（本代码在 Visual Studio for. Net 2005 和 Oracle9. 2 环境下测试通过）：

```
using System;
using System. Collections. Generic;
using System. Text;
using System. Data;
```

```
using System. Data. OracleClient;

namespace EC
{
    public class VmoneyRaiser
    {
        private OracleConnection conn = null;
        private OracleCommand cmd = null;

        public VmoneyRaiser()
        {
            //连接数据库
            string mConn = " server = 127. 0. 0. 1; data source = ecdb; user id = scott; password = tiger";
            conn = new OracleConnection(mConn);
            try
            {
                //打开数据连接
                conn. Open();
                //生成 OracleCommand 对象,该对象名为 cmd,用来调用存储过程。
                cmd = new OracleCommand();
                cmd. Connection = conn;
            }
            catch(Exception e)
            {
                throw e;
            }
        }
            //为用户的账号上冲入虚拟货币的值。
        public void raiseVmoney(String userId, float amount)
        {
            //参数列表
        OracleParameter[ ]parameters = {
            new
    OracleParameter("userno", OracleType. VarChar, 50),
            new OracleParameter("amount", OracleType. Float)
            };
            //为参数赋值;指定参数的模式,两个参数都为 IN 模式;
            //参数类型已经在上述列表中指定。
        parameters[0]. Value = userId;
```

```
    parameters[1]. Value = amount;
        parameters[0]. Direction = ParameterDirection. Input;
        parameters[1]. Direction = ParameterDirection. Input;
        try
        {
            //调用存储过程,RunProcedure 是本类中用户编写的一个私有方法。该方法封装
            //了存储过程调用过程。
            RunProcedure("raise_vmoney",parameters);
        }
    catch(Exception e)
    {
        throw e;
    }
}


    //这是一个私有方法,该方法封装了存储过程的调用过程。
    private void RunProcedure(string storedProcName,OracleParameter[ ]parameters)
    {
        //指定须调用的存储过程名称
        cmd. CommandText = storedProcName;//声明存储过程名
        //指定需要调用程序的种类,Oracle 存储过程和函数都通过
        //CommandType. StoredProcedure 来指定
        cmd. CommandType = CommandType. StoredProcedure;
        //通过一个迭代将参数列表增加到 cmd 对象里
        foreach(OracleParameter parameter in parameters)
        {
            cmd. Parameters. Add(parameter);
        }
        //调用存储过程
        cmd. ExecuteNonQuery( );//执行存储过程
    }
    //测试程序的执行入口,在方法里,生成一个 VmoneyRaiser 类的对象 vr,并通过 vr 来调用
    //VmoneyRaiser 的 raiseVmoney 方法。
    static void Main(string[ ]args)
    {
        VmoneyRaiser vr = new VmoneyRaiser( );
        vr. raiseVmoney("zhangsan",2000);
    }
}
```

代码功能说明如下：

（1）C#语法与 Java 非常类似，除了在一些细节方面有所差别外。这个类的名字为 VmoneyRaiser，它有一个构造器，在构造器中创建数据库连接。在 C#中数据库连接通过创建一个 OracleConnection（本例中该对象的名字为 conn）对象来完成；构造该对象需要一个字符串作为参数，该字符串就是和数据库连接的相关信息，用"值名＝值"来表示，每个值对之间用分号分开。其中"server"表示数据库所在服务器的 IP 地址；"data source"表示数据库名，比如本例中的 ECDB；"user id"表示登录数据库的账号，比如 scott；password 表示登录口令，比如 tiger。

（2）C#运行数据库存储过程是通过 OracleCommand 类的对象（本例中该对象的名字为 cmd）来完成的，新生成一个 OracleCommand 对象，然后将第一步生成的 conn 对象赋给 cmd 对象的 Connection 变量。

（3）在 raiseVmoney 方法中来调用存储过程。在调用之前要生成存储过程的实参列表，并指定每个实参的数据类型以及模式；将需要调用的存储过程的名称（如本例中的"raise_vmoney"）赋给 cmd 对象的 CommandText 成员变量；指定 cmd 对象的命令类型，即指定 cmd 对象的 CommandType 值为 CommandType. StoredProcedure；将第二步参数列表加入到 cmd 中去（调用 cmd 的 Add 方法）；最后调用 cmd 对象的 ExecuteNonQuery 即可执行存储过程了。

（4）本例中所使用的测试数据与第 9.4.1.1 节 Java 调用存储过程相同。

9.4.2.2 C#调用函数

下面以 vmoney_enough 函数为例来说明 C#如何调用 Oracle 函数的，该函数有一个参数调用者输入用户的 ID，判断该用户账号上的虚拟货币剩余金额是否足够支付订单上所购买商品的总金额，如果足够则返回 1，否则返回 0。代码如下：

```
using System;
using System. Collections. Generic;
using System. Text;
using System. Data;
using System. Data. OracleClient;

namespace EC
{
  public class VmoneyHandler
  {
    private OracleConnection conn = null;
    private OracleCommand cmd = null;

    public VmoneyHandler()
    {
```

```
//连接数据库
string mConn = " server = 127. 0. 0. 1 ;data source = ecdb;user id = scott;password = tiger" ;
conn = new OracleConnection( mConn) ;
try
{
    conn. Open( ) ;
    cmd = new OracleCommand( ) ;
    cmd. Connection = conn;
}
catch( Exception e)
{
    throw e;
}
}


public void isVmoneyEnough( String userId)
{
    OracleParameter[ ]parameters = {
                        new
OracleParameter( " userno" ,OracleType. VarChar,50) ,
                        new OracleParameter( )
                        };
    parameters[0]. Value = userId;
    parameters[0]. Direction = ParameterDirection. Input;
    parameters[1]. OracleType = OracleType. Int16;
    //注意下面这行代码,函数的返回值模式必须指定为 ParameterDirection. ReturnValue,
    //这点与存储过程不同,存储过程参数的 OUT 模式对应 ParameterDirection. Output。
    parameters[1]. Direction = ParameterDirection. ReturnValue;

    try
    {
        RunProcedure( " vmoney_enough" ,parameters) ;
        if( parameters[1]. Value. ToString( ). Equals( "1" ) )
            Console. WriteLine( "用户" + userId + "账号上的虚拟货币足够支付订单。" );
        else
            Console. WriteLine( "用户" + userId +"账号上的虚拟货币不足支付订单,请充值。" );
    }
    catch( Exception e)
    {
```

```
        throw e;
          }
        }
    private void RunProcedure(string storedProcName,OracleParameter[ ]parameters)
    {
        cmd.CommandText = storedProcName;//声明存储过程名
        cmd.CommandType = CommandType.StoredProcedure;
        foreach(OracleParameter parameter in parameters)
        {
          cmd.Parameters.Add(parameter);
        }
        cmd.ExecuteNonQuery();//执行存储过程
    conn.Close();
    }

    static void Main(string[ ]args)
    {
    VmoneyHandler vr = new VmoneyHandler();
    vr.isVmoneyEnough("zhangsan");
        }
      }
    }
```

代码说明：

（1）C#调用函数与调用存储过程几乎一样，只不过，在构造参数列表时，要将函数的返回值作为参数列表里的最后一个参数来构造，并且需要指定该参数的模式为 ParameterDirection.ReturnValue。

（2）在执行完毕之后，就可以直接获取该参数，注意该参数是 Oracle Parameter 类的对象，因此需要获取它的值，然后再来使用 Oracle 函数的返回值。

练习题

1. PL/SQL 子程序包含了哪些种类的程序？
2. 什么是实参，什么是形参？
3. PL/SQL 子程序的模式有几种，各种模式的特征是什么？

上机实习

1. 通过 PL/SQL Developer 创建一个存储过程，并测试存储过程。
2. 通过 PL/SQL Developer 创建一个函数，并测试函数。
3. 在 Java 语言中调用上述创建的存储过程和函数。
4. 在 C#语言中调用上述创建的存储过程和函数。

10 数据完整性设计

【本章要点】
- 事务完整性概念
- 触发器概念

【学习要求】
- 掌握 Oracle 锁类型
- 掌握触发器的编写

10.1　数据完整性概念

数据的完整性是指数据的正确性和相容性,是为了防止数据库中存在不符合语义的数据,防止错误信息的输入和输出,即数据要遵守由 DBA 或应用开发者所决定的一组预定义的规则。数据库是否具备完整性关系到数据库系统能否真实地反映现实世界,因此维护数据库的完整性十分重要。

数据库是一个共享资源,可为多个应用程序所共享。这些程序可串联运行,但在许多情况下,由于应用程序涉及的数据量可能很大,常常会涉及输入/输出的交换。为了有效地利用数据库资源,可能多个程序或一个程序的多个进程并行运行,这就是数据库的并行操作。在多用户数据库环境中,多个用户程序可并行地存取数据库,如果不对并发操作进行控制,会存取不正确的数据,或破坏数据库数据的一致性,从而破坏了数据的完整性。因此,并发控制机制是数据完整性的重要保障。

为维护数据库的完整性,DBMS 必须提供一种机制来检查数据库中的数据,看其是否满足语义规定的条件。这些加在数据库数据之上的语义约束条件称为数据库完整性约束条件。数据库完整性由各种各样的完整性约束来保证,因此可以说数据库完整性设计就是数据库完整性约束的设计。

10.2 并发控制

事务(Transaction)是并发控制的基本单位,封锁(Locking)是并发控制的主要技术。

10.2.1 事务(Transaction)

事务是用户定义的一个数据库操作序列,这些操作要么全做要么全都不做,是一个不可分割的工作单位。例如,在关系数据库中,一个事务可以是一条 SQL 语句、一组 SQL 语句或者整个程序。事务就是确保这些 SQL 语句当作单个工作单元来处理的机制。

10.2.1.1 事务的特性

事务具有原子性(Atomicity)、一致性(Consistency)、隔离性(Isolation)和持续性(Durability)等特性,简称为 ACID 特性。

(1)原子性。事务是数据库的逻辑工作单位,事务中包括的操作要么都做,要么都不做。

(2)一致性。事务执行的结果必须是使数据库从一种一致性状态变到另一种一致性状态。因此当数据库只包含成功事务提交的结果时,就说数据库处于一致性状态。如果数据库系统运行中发生故障,有些事务尚未完成就被迫中断,这些未完成事务对数据库所做的修改有一部分已写入物理数据库,这时数据库就处于一种不正确的状态,或者说是不一致的状态。这是数据库管理系统要控制的,从而保证数据的完整性。

(3)隔离性。隔离性是指一个事务的执行不能被其他事务干扰。即一个事务内部的操作及使用的数据对其他并发事务是隔离的,并发执行的各个事务之间不能互相干扰。

(4)持续性。持续性也称为永久性,指一个事务一旦提交,它对数据库中数据的改变就应该是永久性的。接下来的其他操作或故障不应该对其执行的结果有任何影响。

事务的处理必须满足上述 ACID 原则,正是这种机制保证了一个事务或者提交后成功执行,或者提交后失败回滚,二者必居其一,因此它对数据的修改具有可恢复性,即当事务失败时,它对数据的修改都会恢复到该事务执行前的状态。对数据进行一系列操作,使其达到另一状态,如果使用批处理,则有可能出现有的语句被执行,而另外一些语句没被执行的情况,从而会造成数据不一致,使用事务可以避免这种情况的发生。

保证事务 ACID 特性是事务处理对数据的完整性提供的重要保障,同时应该注意到,事务 ACID 特性有可能遭到破坏,主要因素有:多个事务并发运行时,不同事务的操作交叉执行;事务在运行过程中被强行停止。

数据库管理系统中的并发控制机制负责处理上述问题。在第一种情况下,数据库管理系统必须保证多个事务的交叉运行不影响这些事务的原子性。在第二种情况下,数据库管理系统必须保证被强行终止的事务对数据库和其他事务没有任何影响。

10.2.1.2 事务的处理语句

事务的开始与结束可以由用户显式控制。如果用户没有显式地定义事务,则由 DBMS 按缺省规定自动划分事务。在 SQL 语言中,定义事务的语句有:BEGIN TRANSACTION、COMMIT 和 ROLLBACK 等 3 条。

事务通常是以 BEGIN TRANSACTION 开始,以 COMMIT 或 ROLLBACK 结束。COMMIT 表示提交,即提交事务的所有操作。具体地说就是将事务中所有对数据库的更新写回到磁盘上的物理数据库中去,事务正常结束。ROLLBACK 表示回滚,即在事务运行的过程中发生了某种故障,事务不能继续执行,系统将事务中对数据库的所有已完成的操作全部撤销,回滚到事务开始时的状态。这里的操作指对数据库的更新操作。

在 Oracle 中提交事务有 3 种类型:显式提交、隐式提交和自动提交。

(1)显式提交。用 COMMIT 命令直接完成的提交为显式提交。其格式为"SQL > COMMIT;"。

(2)隐式提交。用 SQL 命令间接完成的提交为隐式提交。这些命令包括:ALTER,AUDIT,COMMENT,CONNECT,CREATE,DISCONNECT,DROP,EXIT,GRANT,NOAUDIT,QUIT,REVOKE,RENAME。

(3)自动提交。如果把 AUTOCOMMIT 设置为 ON,则在插入、修改、删除语句执行后,系统将自动进行提交,这被称为自动提交。其格式为"SQL > SET AUTOCOMMIT ON;"。

10.2.2 封锁(Locking)

封锁是实现并发控制的一种非常重要的技术。当用户对数据库并发访问时,为了确保事务完整性和数据库一致性,需要使用锁定。锁定可以防止用户读取正在由其他用户更改的数据,并可以防止多个用户同时更改相同的数据。如果不使用锁定,则数据库中的数据可能在逻辑上不正确,并且对数据的查询可能会产生意想不到的结果。具体地说,锁定可以防止丢失更新、脏读、不可重复读和幻读。

(1)丢失更新,指当两个或多个事务选择同一行,然后基于最初选定的值更新该行时,由于每个事务都不知道其他事务的存在,因此最后的更新将重写由其他事务所做的更新,这将导致数据丢失。

(2)脏读,指一个事务正在访问数据,而其他事务正在更新该数据,但尚未提交,此时就会发生脏读问题,即第一个事务所读取的数据是"脏"(不正确)数据,它可能会引起数据读取错误。

(3)不重复读,指同一个事务多次访问同一行记录时,每次取到的数据是不一致的。假设当事务 T_1 访问数据时,事务 T_2 在对事务 T_1 所访问的数据进行修改,因此就会发生事务 T_1 两次读到的数据不一样的情况,这就是不重复读。

(4)幻读,指一个事务对某行执行插入或删除操作,而该行属于某个事务正在读取的行的范围时,会发生幻读问题。

10.2.2.1 锁的类型

事务在对数据对象操作之前,先向系统发出请求,对其加锁,加锁后事务就对该数据对象有了一定的控制,在该事务释放它的锁之前,其他的事务不能更新此数据对象。确切的控制是由封锁的类型决定,基本的封锁类型有排他锁和共享锁两种。

(1)排他锁(Exclusive Locks,简称 X 锁),又称为写锁。如果事务 T 对数据对象 A 加上 X 锁,则只允许 T 读取和修改 A,其他任何事务都不能再对 A 加任何类型的锁,直到 T 释放 A 上的锁。这就保证了其他事务在 T 释放 A 上的锁之前不能再读取和修改 A。

(2)共享锁(Share Locks,简称 S 锁),又称为读锁。如果事务 T 对数据对象 A 加上 S 锁,则事务 T 可以读 A 但不能修改 A,其他事务只能再对 A 加 S 锁,而不能加 X 锁,直到 T 释放 A 上的 S 锁。这就保证了其他事务可以读 A,但在 T 释放 A 上的 S 锁之前不能对 A 做任何修改。

10.2.2.2 活锁和死锁

和操作系统一样,封锁的方法可能引起活锁和死锁。

活锁是指某个事务永远处于等待状态,得不到执行的现象。假设事务 T_1 封锁了数据 R,事务 T_2 又请求封锁 R,于是 T_2 等待。T_3 也请求封锁 R,当 T_1 释放了 R 上的封锁之后系统首先批准了 T_3 的请求,T_2 仍然等待。然后 T_4 又请求封锁 R,当 T_3 释放了 R 上的封锁之后系统又批准了 T_4 的请求,这样循环往复,T_2 有可能永远等待。

避免活锁的简单方法是采用先来先服务的策略。当多个事务请求封锁同一个数据对象时,封锁子系统按请求封锁的先后次序对事务排队,数据对象上的锁一旦释放就批准申请队列中第一个事务获得锁。

死锁是指有两个或以上的事务处于等待状态,每个事务都在等待另一个事务解除封锁,它才能继续执行下去,结果任何一个事务都无法执行。假设事务 T_1 封锁了数据 R_1,T_2 封锁了数据 R_2,然后 T_1 又请求封锁 R_2,因 T_2 已封锁了 R_2,于是 T_1 等待 T_2 释放 R_2 上的锁。接着 T_2 又申请封锁 R_1,因 T_1 已封锁了 R_1,T_2 也只能等待 T_1 释放 R_1 上的锁。这样就出现了 T_1 在等待 T_2,而 T_2 又在等待 T_1 的局面,T_1 和 T_2 两个事务永远不能结束,形成死锁。

目前在数据库中解决死锁问题主要有两类方法,一类方法是采取一定措施来预防死锁的发生,另一类方法是允许发生死锁,采用一定手段定期诊断系统中有无死锁,若有则解除之。

在数据库中,产生死锁的原因是两个或多个事务都已封锁了一些数据对象,然后又都请求对已为其他事务封锁的数据对象加锁,从而出现死等待。防止死锁的发生其实就是要破坏产生死锁的条件。预防死锁通常有两种方法:

(1)一次封锁法。一次封锁法要求每个事务必须一次将所有要使用的数据全部加锁,否则就不能继续执行。

（2）顺序封锁法。顺序封锁法是预先对数据对象规定一个封锁顺序,所有事务都按这个顺序实行封锁。

数据库系统中诊断死锁的方法与操作系统类似,一般使用超时法或事务等待图法。

（1）超时法。如果一个事务的等待时间超过了规定的时限,就认为发生了死锁。超时法实现简单,但其不足也很明显:一是有可能误判死锁,事务因为其他原因使等待时间超过时限,系统会误认为发生了死锁。二是时限若设置得太长,死锁发生后不能及时发现。

（2）等待图法。事务等待图是一个有向图 $G=(T,U)$, T 为结点的集合,每个结点表示正运行的事务;U 为边的集合,每条边表示事务等待的情况。若 T_1 等待 T_2 ,则 T_1 、T_2 之间划一条有向边,从 T_1 指向 T_2 。事务等待图动态地反映了所有事务的等待情况。并发控制子系统周期性地(比如每隔 1 分钟)检测事务等待图,如果发现图中存在回路,则表示系统中出现了死锁。

DBMS 的并发控制子系统一旦检测到系统中存在死锁,就要设法解除。通常采用的方法是选择一个处理死锁代价最小的事务,将其撤销,释放此事务持有的所有的锁,使其他事务得以继续运行下去。当然,对撤销的事务所执行的数据修改操作必须加以恢复。

10.2.3　Oracle 的并发控制

Oracle 是一个典型的多用户数据库系统,当一个用户提交一项事务读取某个数据时,可能会有其他用户的事务同时正在对该数据进行读写操作。所以 Oracle 必须提供一种机制来保证所有的事务在执行时能够得到完整有效的结果。

Oracle 采用封锁技术保证并发控制的可串行性。Oracle 的锁分为两大类,数据锁(也称为 DML 锁)和字典锁。

（1）数据锁。Oracle 主要提供了 5 种数据锁:共享锁(S 锁)、排他锁(X 锁)、行级共享锁(RS 锁)、行级排他锁(RX 锁)和共享行级排他锁(SRX 锁)。在通常情况下,数据封锁由系统控制,对用户是透明的。但 Oracle 也允许用户用 LOCK TABLE 语句显式对封锁对象加锁。Oracle 数据锁的一个显著特点是,在缺省情况下,读数据不加锁。也就是说,当一个用户更新数据时,另一个用户可以同时读取相应数据,反之亦然。Oracle 通过回滚段(Rollback Segment)的内存结构来保证用户不读"脏"数据和可重复读。这样的好处是提高了数据的并发度。

（2）字典锁。字典锁是 Oracle DBMS 内部用于对字典表的封锁,用于保护数据库对象的结构(例如表、视图、索引的结构定义)。字典锁包括语法分析和 DDL 锁,由 DBMS在必要的时候自动加锁和释放锁,用户无权控制。

Oracle 提供了有效的死锁检测机制,周期性诊断系统中有无死锁,如果存在死锁,则撤销执行更新操作次数最少的事务。

10.3 语义完整性

为了实现数据完整性控制,每个数据库都具有确定的语义约束,这些语义约束构成了数据库的完整性规则,这组规则作为 DBMS 控制数据完整性的依据,它定义了何时检查、检查什么、查出错误又怎样处理等事项。比如数据库中存储的员工年龄不能低于 16 岁,同时不能大于 60 岁;各种商品的销售额之和与企业的总销售额相等;图书馆借出的图书量加上馆中剩余的图书量等于图书馆的图书总量;等等。因此从语义方面来看,数据库的完整性是指数据库中的数据必须始终满足数据库的语义约束。

10.3.1 完整性约束的类型

数据库完整性约束可以分为两大类。第一类是由数据模型确定的完整性约束,第二类是由数据库应用确定的完整性约束。

10.3.1.1 由数据模型确定的完整性约束

数据模型确定的某些完整性约束可以由数据库模式隐含地说明和定义。我们称这种完整性约束为数据模型的隐含约束。隐含约束由数据定义语言定义,不同数据模型具有不同的隐含约束集合。然而,任何一种数据模型都不可能把现实世界所有约束包含到它的隐含约束中来。因此,数据模型还具有一些需要显式地定义到数据库模式上的约束。我们称这种约束为数据模型的显式约束。数据模型确定的第三种类型约束是数据模型本身固有的约束,不需要特殊说明。

关键字、实体完整性约束和参照完整性、用户定义完整性约束是关系模型隐含约束的实例。关系模型的固有约束很多,例如,具有第一范式的关系模式的所有属性值必须是原子数据。

一般来说,每个数据模型都由一组概念、规则和断言构成。这组概念、规则和断言用来说明实际应用领域数据库的结构和隐含约束。任意一个基于某种数据模型的数据库管理系统一般都不能支持该模型的全部固有和隐含约束,只能支持其中一部分。

10.3.1.2 由数据库应用确定的完整性约束

数据库上的大部分语义完整性约束是由数据库应用确定的。这类完整性约束分为状态约束和变迁约束两类。在数据库管理系统中,这两类约束被作为显式约束处理。

状态约束在某一时刻数据库中的所有数据实例构成了数据库的一个状态。数据库的状态约束是所有数据库状态必须满足的约束,主要包括:

(1)属性值域约束例如,在 C2C 电子商城数据库的用户表(Users)中,用户类别(UserType)字段的值只能为(0 普通用户,1 管理员)。

(2)属性唯一性约束即一个实体型的一个或一组属性加以唯一性约束,则在数据库中不允许该实体型有多个实例在相应属性上具有相同的值。例如,同样在用户表(Users)中,注册用户 ID(UserID)是该表中唯一性约束属性,则该表中的所有记录中,在注册用户 ID 字段上是唯一的。

(3)属性结构约束这种约束规定一个属性是单值属性还是多值属性,是否允许空值等。例如在用户表(Users)中,用户主页等属性的值可以为空;在商品表(Products)中,由于业务逻辑的要求,库存量(Quantity)的值不能为空。

(4)联系结构约束联系结构约束是实体间联系的约束,在关系数据库中,这种约束表现为表之间的参照完整性约束,这将在本章的 10.3.2.3 小节中有详细的介绍。

(5)超类/子类约束超类/子类约束也是实体间联系的约束。

(6)一般的语义完整性约束不属于上述各类约束的状态约束都称为一般语义完整性约束。

状态约束应用于数据库的状态。数据库的任何一个状态都必须满足状态约束。状态约束也称为静态约束。每当数据库被修改时,数据库管理系统都要进行状态约束检查,以保证状态约束始终被满足。

变迁约束是指数据库从一个状态向另一个状态转化过程中必须遵循的约束条件。变迁约束的一个例子是"公司员工的工资属性值只允许增加"。这个约束意味着任何修改工资属性的操作只有新值大于旧值时才被接受。这一约束既不作用于修改前的状态也不作用于修改后的状态。而是规定了状态变迁时必须遵循的规则。变迁约束也称为动态约束。由于其动态特性,变迁约束很难实施。变迁约束通常用显式约束表示。

10.3.2 完整性约束条件

完整性检查是围绕完整性约束条件进行的,因此完整性约束条件是完整性控制机制的核心。

完整性约束条件作用的对象可以是关系、元组和列 3 种。其中列约束主要是列的类型、取值范围、精度、排序等的约束条件。元组的约束是元组中各个字段间的联系的约束。关系的约束是若干元组间、关系集合上以及关系之间的联系的约束。

完整性约束条件涉及的这三类对象,其状态可以是静态的,也可以是动态的。所谓静态约束是指数据库每一确定状态时的数据对象所应满足的约束条件,它是反映数据库状态合理性的约束,这是最重要的一类完整性约束。动态约束是指数据库从一种状态转变为另一种状态时新旧值之间所应满足的约束条件,它是反映数据库状态变迁的约束。

10.3.2.1 静态列级约束

静态列级约束是对一个列的取值域的说明,这是最常用也最容易实现的一类完整性约束,包括以下几方面:

(1)对数据类型的约束。包括数据的类型、长度、单位、精度等。例如,在 C2C 电子商城数据库中,注册用户身份(UserID)的数据类型为字符型,长度为 32;注册日期

（Regsitry_Date）为日期型等等。

（2）对数据格式的约束。例如，在电子商城数据库中，用户表（Users）的 EMAIL 列的值，必须符合 * * @ * * * 的格式。

（3）取值范围或取值集合的约束。例如，在电子商城数据库中，用户表（Users）的密码（Password）字段的值只能是数字和字母的集合，同时为了安全性，要求密码的设置不少于 6 位；订单表（Orders）的应付总金额（Billing_Price）字段的值不能小于 0 等。

（4）对空值的约束。空值表示在记录中该字段的值还未确定，是一个未定义的值。它与零值和空格是不同的，零值和空格都是具体的值，二者在数据库中跟其他非空值是同等的。在电子商城数据库中，各个表的主键必须为非空值，根据特定的业务要求，一些非主键字段也不能为非空值，例如商品表（Products）中的单价（Price）字段；订单表（Orders）中的状态（Status）、商品 ID（ProductId）字段等。

（5）其他约束。例如关于列的排序说明，组合列等。

10.3.2.2 静态元组约束

一个元组是由若干个列值组成的，静态元组约束就是规定元组的各个列之间的约束关系。例如，在订单表（Orders）中，商品总价（SUM_PRICE）和运输价格（SHIPPINGTYPE）之和要等于应付总金额（Billing_Price）。

10.3.2.3 静态关系约束

在一个关系的各个元组之间或者若干关系之间常常存在各种联系或约束。常见的静态关系约束有实体完整性约束、参照完整性约束、函数依负约束和统计约束等。

（1）实体完整性约束。实体完整性约束又称为行的完整性约束，要求表中有一个主键，其值不能为空且能唯一标识对应的记录。通过索引、UNIQUE 约束、关键字约束等可实现数据的实体完整性。例如，在电子商城数据库中，用户表（Users）的主键为注册用户 ID（UserID）字段，每个注册用户 ID 能唯一标识该用户对应的行记录信息。那么在将用户信息存入用户表中时，则不能有相同的注册用户 ID 的行记录，通过对注册用户 ID 这个字段建立主键约束，可实现用户表的实体完整性。

（2）参照完整性约束。参照完整性又称为引用完整性。参照完整性保证主表（被参照表）中的数据与从表（参照表）中数据的一致性。在电子商城数据库中，商品表（Products）的商品所属类 ID（CategoryID）字段参照商品类别表（Product Type）的类别 ID（CategoryID）字段。

如果定义了两个表之间的参照完整性，则要求：

参照表不能引用被参照表中不存在的值。例如，在商品表（Products）中出现的商品所属类 ID 一定要在商品类别表（Product Type）中找得到。

如果主表中的键值更改了，那么在整个数据库中，对参照表中该键值的所有引用要进行一致的更改。

如果被参照表中没有关联的记录，则不能将记录添加到参照表中。

如果要删除被参照表中的某一记录,应先删除参照表中与该记录匹配的相关记录。

实体完整性约束和参照完整性约束是关系模型的两个极其重要的约束,称为关系的两个不变性。

(1)函数依赖约束。大部分函数依赖约束都在关系模式中定义。

(2)统计约束。即字段值与关系中多个元组的统计值之间的约束关系。

10.3.2.4 动态列级约束

动态列级约束是修改列定义或列值时应满足的约束条件。

(1)修改列定义时的约束。例如,将允许空值的列改为不允许空值时,如果该列目前已存在空值,则拒绝这种修改。

(2)修改列值时的约束。修改列值有时需要参照其旧值,并且新旧值之间需要满足某种约束条件。例如,用户表(Users)中新输入的注册时间(Registry_Date)不能晚于当前时间。

10.3.2.5 动态元组约束和动态关系约束

动态元组约束是指修改元组的值时,元组中各个字段间需要满足某种约束条件。动态关系约束是加在关系变化前后状态上的限制条件,例如事务一致性、原子性等约束条件。

10.4 数据完整性的实现

固有完整性约束不需要使用数据定义语言定义,因为它们是数据模型本身所固有的。隐含约束需要在数据库模式定义时用数据定义语言定义。

10.4.1 显式约束的过程化定义方法保证数据完整性

显式约束的过程化定义方法是把显式约束作为一个过程,由程序员编码到每个更新数据库的事务中。这种方法已经被许多数据库管理系统采用。使用该方法,完整性约束验证程序可以由通用程序设计语言编制,为程序员编制高效率完整性验证程序提供了有利条件。但是,也带来不少负担,因为程序员必须清楚所编码的事务所涉及的所有完整性约束,并为每个约束编制一个验证过程。程序员的任何误解、遗漏和疏忽都将导致数据库的不正确。

数据库的完整性约束经常是随实际应用领域的变化而改变的。一旦完整性约束发生改变,相应事务就必须被修改,这是显式约束过程化定义方法的严重缺点。

10.4.2 使用触发器保证数据完整性

10.4.2.1 触发器的概念

在很多情况下,当一个完整性约束被违背时,数据库管理系统除了终止事务外,还需要执一些其他操作。例如通知某个用户完整性约束被违背。又例如,每当某订单的购物金额超过一定限额,就免除运货费用。为了在数据库完整性约束被违背时能够及时执行必要的操作,人们提出了触发器技术。

触发器(Trigger)在某些方面类似于第 9 章所介绍的储存过程和函数,可以说它是一种特殊类型的储存过程。触发器的执行不是由程序调用,也不是手工启动,而是由事件来触发,比如当对一个表进行操作时就会被激活执行。触发器经常用于加强数据的完整性约束和业务规则等。触发器可以查询其他表,而且可以包含复杂的 SQL 语句。它们主要用于强制服从复杂的业务规则或要求。触发器也可用于强制引用完整性,以便在多个表中添加、更新或删除行时,保留在这些表之间所定义的关系。然而,强制引用完整性的最好方法是在相关表中定义主键和外键约束。如果使用数据库关系图,则可以在表之间创建关系以自动创建外键约束。

要设置触发器机制,必须满足两个要求:

(1)指明什么条件下触发器被执行。它被分解为一个引起触发器被检测的事件和一个触发器执行下去必须满足的条件。

(2)指明触发器执行时采取的动作。满足这两个要求的触发器模型被称为触发器的事件—条件—动作模型(Event – Condition – Action Model)

数据库就像存储普通数据一样存储触发器,所以它们被永久保存,也可以被所有的数据库操作访问。我们一旦把一个触发器输入数据库,只要指定的事件发生,相应的条件被满足,数据库系统就会执行触发。

10.4.2.2 触发器的类型

Oracle 9i 中把触发器功能扩展到了可以激发系统事件,如数据库的启动和关闭,以及某种 DDL 操作。这里主要介绍 4 种主要的触发器类型:DML、替代触发器、系统事件触发器和 DDL 触发器。

(1)DML 触发器。是目前最广泛使用的一种触发器。DML 触发器由 DML 语句激发,并且由该语句的类型决定 DML 触发器的类型。触发事件包括 INSERT(插入)、UPDATE(更新)和 DELETE(删除)。这类触发器可以在上述事件之前或之后激发。无论对于哪一种触发事件,都能为每种触发事件类型创建 BEFORE 触发器及 AFTER 触发器。BEFORE 触发器即在该事件发生之前采取行动,例如可以使用先删除的触发器类型去检查这个删除操作是否允许执行。AFTER 触发器即在该事件发生之后执行,例如可以采用 AFTER 触发器去记录表中数据发生的改动。

(2)替代触发器。又称为 INSTEAD_OF 触发器,执行一个替代操作来代替触发器的操作。与 DML 触发器不同,DML 触发器是在 DML 操作之外运行的,而替代触发器则代替激发它的 DML 语句运行。替代触发器是行一级的。也就是说,如果对表创建一个 INSTEAD OF INSERT 触发器,对于表的每个 INSERT 操作,将执行触发器的代码,且绝不会出现引起触发器执行的 INSERT 操作。替代触发器也可以应用于视图中。如果一个视图在查询中涉及多个表,只要用户试图通过视图更新行,替代触发器就能引导 Oracle

操作。

（3）系统事件触发器。这种系统触发器在发生如数据库启动或关闭等系统事件时激发，而不是在执行 DML 语句时激发。系统事件触发器支持 5 种系统事件，见表 10 - 1。

表 10 - 1　系统事件触发器支持的系统事件

系统事件名称	说　　明
SERVERERROR	当服务器发生错误的时候，执行触发器。
LOGON	当用户对数据库登录后，执行触发器。
LOGOFF	当用户从数据库注销前，执行触发器。
STARTUP	数据库打开后，执行触发器。
SHUPDOWN	不论实例在任何时候被关闭时，执行触发器。

为以上事件编写的触发器既可以是 BEFORE 触发器，又可以是 AFTER 触发器，但不能同时为两种类型。

（4）DDL 触发器。是针对于对模式对象有影响的 CREATE、ALTER 或 DELETE 等语句的，可以在做这些操作之前或之后来定义 DDL 触发器。

不管上述何种类型触发器，都可以使用相同的语法创建。创建触发器的通用语法如下：

CREATE[OR REPLACE]TRIGGER 触发器名称

{BEFORE ｜ AFTER ｜ INSTEAD OF} 激发触发器事件

referencing_clause

[WHEN trigger_condition]

[FOR EACH ROW]

触发器代码；

referencing_clause 用来引用正在处于修改状态下的行中的数据，如果在 WHEN 子句中指定 trigger_condition 的话，则首先对该条件求值。触发器主体只有在该条件为真时才运行。

10.4.2.3　数据完整性的触发器示例

触发器在维护数据完整性的作用体现在数据的 INSERT（插入）、UPDATE（更新）和 DELETE（删除），也就是 DML 触发器。下面通过具体的例子说明触发器在数据的插入更新和删除操作下是如何维护数据完整性的。

当删除某张订单（Orders）时，数据的完整性要求引用该表的子表中的相关记录也被删除（即订单明细表）。该触发器的流程是根据被删除的订单编号（Orderid）删除订单明细表中的相关记录。

示例数据如图 10 - 1 和图 10 - 2 所示。

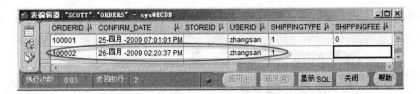

图 10 – 1　新增订单号为 100002 的订单数据

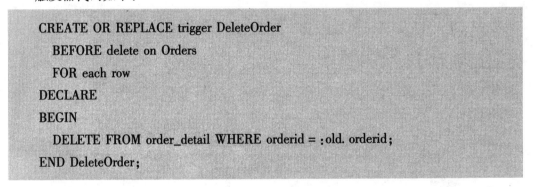

图 10 – 2　订单号为 100002 的订单明细信息

触发器代码如下：

```
CREATE OR REPLACE trigger DeleteOrder
    BEFORE delete on Orders
    FOR each row
DECLARE
BEGIN
    DELETE FROM order_detail WHERE orderid = :old. orderid;
END DeleteOrder;
```

具体创建步骤如下：

（1）首先右键单击 PL/SQL Developer 工具左侧边栏中的"Trigger"，如图 10 – 3 所示：

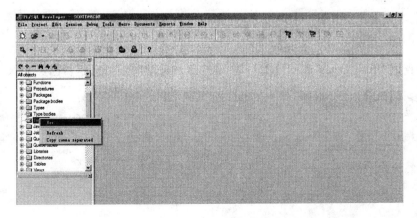

图 10 – 3　创建触发器窗口

（2）如图10-4，单击 New 之后出现下述窗口，输入触发器名称 DeleteOrder，在 Fire 栏选择 before，在 Event 栏选择 delete，在 Table or view 中选择 orders，然后点击 OK。

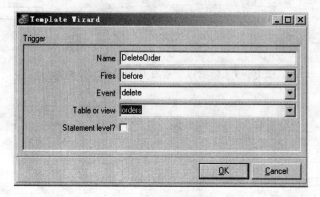

图10-4　填写触发器信息

（3）在右边窗口中输入代码，即删除 Order_Detail 中相应订单的明细信息。

图10-5　代码窗口表

（4）触发器创建完毕之后，下面开始验证：

首先删除 Order 表中订单号为 100002 的订单：

```
SQL > DELETE FROM ORDERS WHERE ORDEID = 100002;
1 row deleted
```

然后查询 Order_Detail 表中订单号为 100002 的订单明细信息是否已经删除：

```
SQL > SELECT  *  FROM order_detail WHERE orderid = 100002;
ORDERIDP  RODUCTID   QUANTITY   TOTAL_PRICE   DISCOUNT
--------   ---------   ---------   ------------   ---------
```

很显然查出数据为空，表示该订单明细数据已被删除。

10.5 完整性约束的验证

隐含约束是建立数据库模式时通过数据定义语言向数据库管理系统说明的。数据定义语言编译器把这些约束存储在数据库管理系统的数据字典中。当数据库被更新时,数据库管理系统将自动读取数据字典中的完整性约束,进行完整性约束验证,保证数据库的完整性。

如果数据库系统使用断言定义方法定义显式约束。则显式约束的存储、管理和验证与隐含约束的处理方法相同。否则,程序员把显式约束作为过程编码到相关事务中。在这种情况下,显式约束的处理完全由程序员和数据库管理员负责。

固有约束是数据模型所固有的,在数据库管理系统的系统软件设计时就已经定义完毕,不需要像隐含和显式约束那样动态定义。固有约束的验证由数据库管理系统自动完成。

练习题

1. 什么是事务?事务的特性主要包括哪些?为什么要对并发运行的事务加以控制?

2. 完整性约束条件作用的对象有哪些?依据这些对象可将完整性约束条件分为几类?

3. 设置触发器要满足哪些要求?

上机实习

建立一个触发器,实现的功能是:在用户表(Users)中删除某个注册用户时,将他在电子商城数据库中的所有相关记录都删除掉。

11 数据导入与导出

数据导入与导出

【本章要点】
- 导入导出简介
- 数据导出
- 数据导入

【学习要求】
- 掌握数据导出技巧
- 掌握数据导入技巧

11.1 数据导出导入简介

11.1.1 导出工具简介

导出工具提供了一个将数据对象从一个数据库传递到另一个数据库的简单工具,即使数据库位于不同的硬件和软件平台上。当用户在 Oracle 数据库上使用 Export 工具时,对象以及与对象相关的索引、注释以及授权等数据将一起从数据库里提取出来。被提取出来的数据将被写到导出(Export)文件,如图 11 – 1 所示。

导出文件是 Oracle 二进制转储(dump)文件,一般位于硬盘或磁带上。转储文件可以任意拷贝到其他可用介质上。Oracle 的导入工具(Import)可以利用该文件将数据从一个数据库导入到另外一个没有与之相连接的数据库上。导出转储文件只能被 Oracle 导入工具读取。导入工具的版本不能早于创造该导出文件的导出工具版本,否则,将可能出现无法将数据导入或者导入数据出错的情况。

11.1.2 导入工具简介

导入工具从导出转储文件中读取对象定义和表数据,然后将数据对象插入到 Oracle 数据库,图 11 – 2 显示了从导出转储文件导入数据的过程。

导入工具从导出文件里读出表对象(Table Objects)数据,然后将它们导入到数据库。

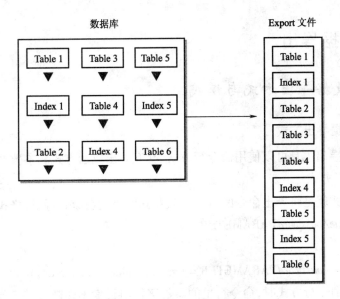

图 11 – 1　Oracle 数据导出过程

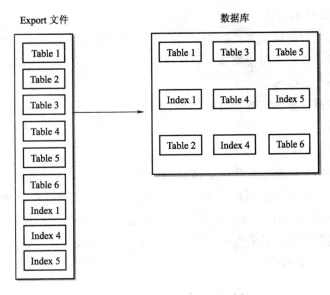

图 11 – 2　Oracle 数据导入过程

导出文件里所包含的对象按照类型定义、表定义、表数据、表索引、完整性约束、视图、存储过程和触发器以及、位图索引、函数索引和域索引的顺序排列。

在导入数据的时候,导入工具首先在数据库中创建表,然后,导入表数据,创建索引,导入触发器,完整性约束生效,最后创建位图索引、函数索引以及域索引。这个导入顺序能够防止数据被拒绝导入,同时能够避免在导入的过程中触发器被调用从而避免数据的不一致性。但是如果导入的表在数据库中已经存在,那么这个时候某些数据就有可能无法导入,因为有可能导入的数据已违反了该表的引用完整性。

11.2　数据导出

11.2.1　数据导出方式与模式

11.2.1.1　数据导出方式

用户调用导出工具可以使用命令行方式、交互导出提示方式和参数文件等3种。

（1）命令行方式

命令行方式就是将导出命令的所有参数及其值都放在命令行里，格式如下：

exp*username/password*PARAMETER = value

或者

exp*username/password*PARAMETER = (value$_1$, value$_2$, . . . , value$_n$)

注意使用命令行方式时，命令行里的参数字符串长度不能超过特定操作系统限定的字符串长度。

（2）交互导出提示方式

其次是交互式导出提示方式。如果用户更习惯导出工具提示出每个参数的值，然后再选择合适的参数值。可以使用如下模式：

exp*username/password*

导出工具将逐行显示参数及参数的可选值由用户来选择。但是这种方式对参数配置功能不是很强。

（3）参数文件

参数文件导出方式是将参数及参数值保存在参数文件里。参数及其值保存在文件里便于修改以及以后重用。可以使用任何文本编辑工具来创建参数文件，命令行通过PARFILE = filename 来指定参数文件所在目录以及名称，那么这个时候导出工具就会从参数文件里来读取参数而不是从命令行里来读取参数。比如：

exp PARFILE = *filename*

或

exp*username/password*PARFILE = *filename*

前一种参数文件导出方式没有指定 username/password，那么用户可以将它们放在参数文件里，但是这种方式不是很安全，任何人都可以使用该文件来导出数据；后一种则是在导出数据时由用户来指定 username/password，这样就可以保证导出安全性。下面这个例子显示了参数文件里的内容：

FULL = y

FILE = dba. dmp

GRANTS = y

INDEXES = y

CONSISTENT = y

还可以在参数文件里加入注释,每行注释前面以"#"开头。这样导出工具读到这行时,会跳过去忽略不计。同时我们可以将参数文件方式与命令行参数方式结合起来使用,一般放在后面的参数会覆盖前面所指定的参数,比如:

exp *username/password*PARFILE = params. dat INDEXES = *n*

在上述例子中,如果在 params. dat 也指定了 INDEXES 参数的值,那么后面 INDEXES = *n* 将覆盖 params. dat 里该参数的值,因为 INDEXES = *n* 在 PARFILE = params. dat 的后面。

11.2.1.2 数据库导出模式

数据库的导出按照导出对象的范围可以分为以下 4 种模式:

(1)全数据库导出(Full),将数据库全部导出;

(2)用户导出(User),导出特定用户 Schema 下的所有对象;

(3)表导出(Table),导出指定的表;

(4)表空间导出(Tablespace),导出指定表空间下的所有对象。

所有用户都能按照表模式和用户模式导出数据库。具有 EXP_FULL_DATABASE 角色的用户可以按照所有模式来导出数据库。数据库管理员可以在启动导出工具的同时指定参数来选择特定的导出模式,对应的参数分别为: FULL, USER, TABLE, TABLESPACE。这 4 种导出模式能够导出数据库里对象的范围各自不同,数据库管理员可以根据需要挑选合适的导出模式。其中用户导出模式和表导出模式最常用。

11.2.2 数据导出参数

Oracle 数据导出工具的参数共有 30 余个,根据用途的不同分为导出模式选项(Export Mode Options)、导出选项(Export Options)两种类型。现就最常用的参数给予说明:

11.2.2.1 导出模式选项

(1)TABLES,无缺省值。指定导出模式为表导出模式,即导出的对象是表以及与表相关的其他对象,比如索引、触发器等。表模式不仅可以导出表,而且可以导出表的分区(partition)。可以用如下格式来表示 TABLES 参数(注意用[ ]括起来的内容表示可选):

TABLES = [SCHEMA.]TABLE[. PARTITION]

如果管理员只是导出当前用户下的表,那么 SCHEMA 可以省略。

数据库管理员也可以同时导出多个表,格式如下:

TABLES = (SCHEMA1. TABLE1,SCHEMA2. TABLE2,SCHEMA2. TABLE3,...)

注意如果需要导出多个用户(即 SCHEMA)下的表,那么数据库管理员必须具有该用户的权限,否则就无法导出该用户下的表。

数据库管理员还可以通过% 匹配方式来导出一系列的表,比如:

TABLES = T% 就是表示导出所有表名以字符"T"开头的表。

（2）USER，无缺省值。表示是使用用户模式导出，那么该用户下所有的对象都将被导出，包括表、视图、索引、存储过程、类型、触发器等。

（3）FULL，无缺省值。表示将数据库所有对象都导出来，是全数据库导出模式。指定 FULL = Y 就可以将导出模式设定为全数据库模式导出。数据库管理员必须具有 EXP_FULL_DATABASE 角色权限。

（4）TABLESPACES，无缺省值。表示指定表空间下的所有表以及该表的索引都被导出来，即使该表的索引不存储在该表空间下。导出表空间的数据库管理员必须具有 EXP_FULL_DATABASE 角色权限。

11.2.2.2 导出选项

FILE，缺省值 expdat. dmp。指定导出文件的文件名，缺省扩展名为 dmp，但是用户可以任意指定扩展名。管理员也可指定多个文件。比如：

exp scott/tiger FILE = dat1. dmp, dat2. dmp, dat3. dmp FILESIZE = 2048

当导出数据的大小已经超过了 FILESIZE 所指定的大小，则导出器将停止写入当前文件，同时打开下一个文件以此类推。如果用户所指定的文件容量无法容纳导出的数据，则导出器将提示用户输入下一个文件的文件名，一直到所有的数据都被导出。

FILESIZE，缺省值 4096。导出器可以将数据导出到多个文件，导入器则能从多个文件导入数据。如果用户指定了 FILESIZE 的值，则导出器导出到每个文件的数据大小不能超过 FILESIZE 所指定的值（以字节为单位）。如果没有指定 FILESIZE 的值，则导出器将所有数据全部导出到一个文件。

GRANTS，缺省值 y。用来确定导出器是否将用户权限一起导出。在全数据库导出模式中，表上的所有授权将导出。在用户导出模式中，仅仅是拥有表的那个用户所具有的权限将被导出。系统授权总是被导出。

ROWS，缺省值 y。用来指定表中的数据是否被导出。

COMPRESS，缺省值 y。用来指定是否压缩表数据所在的数据块。

INDEXES，缺省值 y。用来指定是否输出索引。

PARFILE，无缺省值。用来指定保存导出参数的文件。

TRIGGERS，缺省值 y。用来指定是否导出触发器。

11.2.3 数据导出示例

11.2.3.1 全数据库（Full Database）导出示例

只有具有 DBA 或 EXP_FULL_DATABASE 角色的用户才能按全数据库模式导出。在如下这个例子中，导出文件名为 dba. dmp，而且将数据库的授权（GRANTS）和所有数据都导出。

参数文件方法：

C：\ > exp SYSTEM/*password* PARFILE = params. dat

参数文件 params. dat 包含如下信息：

> FILE = dba. dmp
>
> GRANTS = y
>
> FULL = y
>
> ROWS = y

注意需将命令中 *password* 修改成真实密码,下面例子也是相同。

命令行方法：

C：\ > exp SYSTEM/*password*@ ecdb FULL = y FILE = dba. dmp GRANTS = y ROWS = y

全数据库导出模式的导出信息详见第 11 章电子资源,显示内容有所省略。

11. 2. 3. 2　用户导出模式示例

用户导出模式可以备份若干个用户的数据,比如一个 DBA 可以备份几个即将被删除用户的数据,也可以将一个用户下的数据导入到另外一个用户中去。

本例使用参数文件方式导出用户 scott 下的所有对象,scott 用户是安装数据库时典型安装选项里缺省安装的用户和 SCHEMA,该用户的缺省口令为 tiger。

C：\ > exp scott/tiger PARFILE = params. dat

params. dat 文件下的内容如下：

> FILE = scott. dmp
>
> OWNER = scott
>
> GRANTS = y
>
> ROWS = y
>
> COMPRESS = y

命令行方式导出所有对象：

C：\ > exp scott/tiger@ ecdb FILE = scott. dmp OWNER = scott GRANTS = y ROWS = y COMPRESS = y

用户导出模式的输出信息详见第11 章电子资源,显示内容有所省略。

11. 2. 3. 3　以表模式导出数据库

在表模式中,用户可以导出表定义以及表数据,也可以只导出表定义。如果没有指定 ROWS 参数,则只将表的 DDL 语句导出存放到导出文件中,如果需要还可以通过指定 GRANTS 参数导出授权、索引等与表相关的对象。拥有 EXP_FULL_DATABASE 角色的管理员可以通过指定 TABLES = schemaname. tablename 的方式导出数据库中所有用户下的表。注意这里的 schemaname 指用户名。如果没有指定 schemaname,导出器会将前一个导出对象所属的 schemaname 作为当前对象所属的 schemaname,如果前一个对象也没有指定 schemaname 则,缺省将操作导出工具的当前用户名作为 schemaname。

C：\ > exp SYSTEM/password TABLES = (a, scott. b, c, mary. d)

将导出 SYSTEM 用户下的表 a,scott 用户的表 b 和 c 以及 mary 用户下的表 d。拥有

EXP_FULL_DATABASE 角色的管理员用户可以导出所有用户的表,没有该项授权的用户则只能导出自己所属的表。

一个 DBA 导出两个用户下的表,将 scott 用户 user 表导出。

参数文件方式:

C:\ > exp SYSTEM/*password*@ ecdb PARFILE = params. dat

params. dat 包含如下信息:

    FILE = expdat. dmp

    TABLES = (scott. users)

    GRANTS = y

    INDEXES = y

    ROWS = y

命令行方式:

C:\ > exp SYSTEM/*password*@ ecdb FILE = expdat. dmp

TABLES = (scott. users) GRANTS = y INDEXES = y ROWS = y

表格式的输出信息详见第 11 章电子资源,显示内容有所省略。

导出当前用户下的表,即以 scott 用户登录来导出 scott 用户下的两个表。

参数文件方式:

C:\ > exp scott/tiger@ ecdb PARFILE = params. dat

params. dat 包含如下信息:

    FILE = scott. dmp

    TABLES = (users)

    INDEXES = y

    ROWS = y

    COMPRESS = y

命令行方式:

C:\ > exp scott/tiger@ ecdb FILE = scott. dmp TABLES = (users) GRANTS = y
INDEXES = y ROWS = y

表模式的输出信息详见第 11 章电子资源,显示内容有所省略。

通过表名匹配来导出表。比如用户导出 SCOTT 用户下的以字符 O 开头的所有表。

参数文件方式:

C:\ > exp system/*password*@ ecdb PARFILE = params. dat

params. dat 参数文件的信息如下:

    FILE = scott. dmp

    TABLES = (scott. O%)

    ROWS = y

    COMPRESS = y

INDEXES = y

命令行方式：

C：\ > exp scott/tiger @ ecdb FILE = scott. dmp TABLES =（scott. O%）GRANTS = y
INDEXES = y ROWS = y

表模式的输出信息详见第 10 章电子资源,显示内容有所省略。

11.3 数据导入

11.3.1 验证访问权限

根据不同导入需求,系统需要用户具备一定的系统权限。为了导入,用户需要"CRE-ATE SESSION"系统权限,这个权限输入"CONNECT"角色,主要用来授权用户登录数据库。特别是导出文件是具有 EXP_FULL_DATABASE 权限的用户创建的,那么导入该导出文件的用户必须具备 IMP_FULL_DATABASE 权限,一般该权限授予 DBA 用户。

11.3.1.1 导入对象

如果用户希望将导出文件里的对象导入到自己的 SCHEMA 下,那么根据不同的对象,用户须具备的权限如下：

表 11 –1 导入对象与系统权限对照表

对象名称	须具备的系统权限
聚集（Clusters）	CREATE CLUSTER
数据链接（Database links）	CREATE DATABASE LINK 和远程数据库上的 CREATE SESSION
表上的触发器（Triggers on tables）	CREATE TRIGGER
模式上的触发器（Triggers on schemas）	CREATE ANY TRIGGER
索引（Indexes）	CREATE INDEX
完整性约束（Integrity constraints）	ALTER TABLE
库（Libraries）	CREATE ANY LIBRARY
包（Packages）	CREATE PROCEDURE
私有同义词（Private synonyms）	CREATE SYNONYM
序列（Sequences）	CREATE SEQUENCE
快照（Snapshots）	CREATE SNAPSHOT
存储函数（Stored functions）	CREATE PROCEDURE
存储过程（Stored procedures）	CREATE PROCEDURE
表数据（Table data）	INSERT TABLE
表定义（Table definitions）	CREATE TABLE

对象名称	须具备的系统权限
视图(Views)	CREATE VIEW
对象类型(Object types)	CREATE TYPE
外部函数库(Foreign function libraries)	CREATE LIBRARY
维(Dimensions)	CREATE DIMENSION
操作符(Operators)	CREATE OPERATOR
索引类型(Indextypes)	CREATE INDEXTYPE

11.3.1.2　导入授权

用户在导入文件时,必须具备导出文件中相应对象被导出的授权或者该用户具有"IMP_FULL_DATABASE"的系统权限。否则导入对象授权时会出错。

11.3.1.3　将对象导入到其他用户的 SCHEMA 中

用户在导入文件中的对象时,并不是导入自己所属的 SCHEMA,而是导入到其他用户的 SCHEMA,那么该导入用户必须具备"IMP_FULL_DATABASE"权限。

11.3.1.4　导入系统对象

从一个全数据库导出文件中导入系统对象,用户必须具有"IMP_FULL_DATABASE"权限。参数 FULL 确定了导出文件中包含了如下对象,这些对象也被导入到数据库中:

(1)概要文件(Profiles);

(2)公共数据库链接(Public database links);

(3)公共同义词(Public synonyms);

(4)角色(Roles);

(5)回滚段定义(Rollback segment definitions);

(6)资源耗费(Resource costs);

(7)外部函数库(Foreign function libraries);

(8)上下文对象(Context objects);

(9)系统存储对象(System procedural objects);

(10)系统审计选项(System audit options);

(11)系统权限(System privileges);

(12)表空间定义(Tablespace definitions);

(13)表空间份额(Tablespace quotas);

(14)用户定义(User definitions);

(15)字典别名(Directory aliases);

(16)系统触发器(System event triggers)。

11.3.2　数据导入方式与模式

11.3.2.1　数据导入方式

与数据库导出相同,数据导入也有三种方式,即命令行方式、参数文件方式以及交互式导入提示方式。

(1)命令行方式

用户可以将所有的合法参数以及赋值放在命令行里,格式如下:

imp $username/password$ PARAMETER = value

或者

imp $username/password$ PARAMETER = (value$_1$, value$_2$,..., value$_n$)

参数的个数不能超过特定操作系统每行命令的最大长度。

(2)交互式导入提示

如果用户想利用导入工具提示参数的值,那么可以使用如下方式启动导入工具:

imp $username/password$

导入工具将显示预定参数要求用户输入一个值,并且对于有些参数提示将会显示多个值供用户选择,如果用户没有选择,导入工具还提供参数的缺省值。

(3)参数文件方式

与数据库导出相似,数据库导入工具也可以将所有参数及其值存放在一个文件里。将所有导入参数全部放在一个文件里,有利于参数的修改以及重用,而且 Oracle 数据库提倡用户使用这种方式来导入数据。可以使用任何文本编辑器来创建参数文件,并且在导入数据库时使用 PARFILE 参数来指定参数文件的路径及其文件名。此导入方式格式如下:

imp PARFILE = $filename$

或

imp $username/password$ PARFILE = $filename$

同理,前一种命令将账号和口令放在参数文件里,这样会带来安全问题;后面一种命令,由用户启动导入工具时在命令行输入账号和口令,这样可以保证数据库的安全性。下面这个例子显示了参数文件里的内容:

FULL = y

FILE = dba. imp

GRANTS = y

INDEXES = y

CONSISTENT = y

与数据库导出类似,用户还可以在参数文件里加入注释,每行注释前面以"#"开头。这样导出工具读到这行时,会跳过去忽略不计。同时用户可以将参数文件方式与命令行

参数方式结合起来使用,一般放在后面的参数会覆盖前面所指定的参数,比如:

imp*username/password*PARFILE = params. dat INDEXES = *n*

在上述例子中,如果在 params. dat 也指定了 INDEXES 参数的值,那么后面 INDEXES = *n* 将覆盖 params. dat 中该参数的值,因为 INDEXES = *n* 在 PARFILE = params. dat 的后面。

11.3.2.2 数据库导入模式

Oracle 数据库提供了4种导入模式:

FULL,即全数据库导入模式。该导入模式要求用户具有"IMP_FULL_DATABASE"权限;该模式可以将按照全数据库模式导出的文件,导入到数据库里;通过将 FULL 参数的值指定为 y 即可。

TABLESPACE,即表空间模式。该模式能够让用户将一个数据库的若干表空间移到另一数据库里去;通过将 TRANSPORT_TABLESPACE 参数的值指定为 y 来设置该模式。

USER,即用户模式。该模式可以将某个用户下的所有对象(比如表、索引、授权、存储过程和函数等)导入到另外一个用户下,被导入的用户可以不在同一数据库上;使用 FROMUSER 来指定该模式。

TABLE,表模式。该模式可以将某个表或分区下的数据导入到数据库;使用 TABLES 参数来指定该模式。

11.3.3 数据导入参数

数据库导入工具有30多个参数,现就最常用的参数进行说明:

(1)PARFILE,无缺省值。用来指定包含输入参数的文件名(可能还包含文件所在的路径)。

(2)FILE,缺省值 expdat. dmp。指定用来被导入数据库的导出文件的名字。由于导出工具支持多个导出文件,因此导入工具也支持导入多个文件,比如:

imp scott/tiger IGNORE = y FILE = dat1. dmp,dat2. dmp,dat3. dmp FILESIZE = 2048

如果导入用户不是导出文件的导出者,那么必须具有"IMP_FULL_DATABASE"的权限。

(3)FILESIZE,缺省值依赖特定的操作系统。该参数在导出时指出多个导出文件每个文件的最大容量。那么在导入时,如果导入的是多个文件,必须通过指定该值来告诉导入器多个导入文件的每个导入文件的最大容量。

(4)SHOW,缺省值为 n。如果该值设定为 y,那么导入导出文件的数据时,只是显示,而不是将对象导入到数据库。

(5)IGNORE,缺省值 n。指定在导入时发生了对象创建方面的错误是否被处理,缺省为 n 即继续导入一下对象,否则记录和显示。注意仅仅是对象创建方面的错误将被记录和显示,其他方面的错误比如操作系统错误、数据库错误以及 SQL 语句错误还是不会被忽略,而且这些错误有可能导致导入过程的中止。

(6)GRANTS,缺省值 y。表示在导入时,是否导入对象的授权。缺省情况下,导入工具导入对象的所有授权;反之,如果将 GRANTS 指定为 n,那么不导入对象的授权。

（7）FROMUSER，无缺省值。导入的 SCHEMA（用户名）列表，SCHEMA（用户名）之间用逗号分开。这个参数仅在导入用户具备"IMP_FULL_DATABASE"的情况下才能使用。该选项允许导入用户从一个含有多个 SCHEMA 的导出文件中选择特定一个或几个 SCHEMA 导入到数据库中。该参数一般与 TOUSER 参数一起使用，如果没有指定 TOUSER 参数，那么导入器根据不同的情况进行处理：如果导出文件是全数据库模式导出文件或者是用户导出模式导出的且含有多个 SCHEMA 的导出文件，那么导入器将按照 FROMUSER 列出的用户名，将对象分别导入到被导入数据库中相应的用户中去；如果导出文件是单个 SCHEMA、用户模式导出文件，且导出该文件的用户是非授权用户，那么导入器将该文件的对象导入到导入用户（开始该导入命令的用户）下面去。

（8）TOUSER，无缺省值。列出需要导入的目标用户，使用该参数，导入用户必须具有"IMP_FULL_DATABASE"权限。如：

imp SYSTEM/*password* FROMUSER = scott TOUSER = joe TABLES = emp

将 scott 用户下的 emp 表导入到 joe 用户下。

（9）TABLES，无缺省值。用来指定导入模式为表导入模式时所导入表的列表，比如：

imp SYSTEM/*password* TABLES = (jones. accts, scott. emp, scott. dept)。表名前可以加上用户名。

（10）FULL，缺省值 n。指定是否导入全部数据库。

11.3.4　数据导入示例

11.3.4.1　选定特定用户的几个表导入

导入工具可以从全数据库导出文件选定某个特定用户的几张表导入到某个 SCHEMA 下去。下面这个例子是将另外一个数据库的 scott 用户下的 Users 表及其数据导入到本数据库的 scott 用户下。

参数文件导入方式：

C:\ > imp scott/tiger@ ecdb PARFILE = params. dat

params. dat 的信息如下：

　　FILE = dba. dmp

　　SHOW = n

　　IGNORE = n

　　GRANTS = y

　　FROMUSER = scott

　　TABLES = (Users)

命令行方式：

C:\ > imp scott/tiger@ ecdb FILE = dba. dmp FROMUSER = scott touser = scott

TABLES = (Users)

导入工具的输出信息详见第 11 章电子资源。

11.3.4.2 将用户导出的表导入到另一个用户

本例是将用户 blake 拥有的表 employees 和 jobs 导入到 scott 用户下。

参数文件导入方式：

C:\＞imp scott/*tiger*@ ecdb PARFILE = params. dat

参数文件的内容如下：

FILE = blake. dmp

SHOW = n

IGNORE = n

GRANTS = y

ROWS = y

FROMUSER = blake

TOUSER = scott

TABLES = (employees, jobs, departments, locations)

命令行方式：

C:\＞imp SYSTEM/*password*@ ecdb FROMUSER = blake TOUSER = scott

FILE = blake. dmp － TABLES = (employees, jobs, departments, locations)

导入工具输出信息详见第 11 章电子资源。

11.3.4.3 使用匹配模式来导入多个表

Oracle 匹配模式使用 % 来匹配字符或字符串，比如 % d% 就匹配所有包含了字符 d 的表名；比如 b% s 匹配所有以字符 b 开头以字符 s 结尾的所有表名。

参数文件导入方式：

C:\＞imp SYSTEM/*password*@ ecdb PARFILE = params. dat

参数文件的内容如下：

FILE = scott. dmp

IGNORE = n

GRANTS = y

ROWS = y

FROMUSER = scott

TABLES = (% d% , b% s)

命令行方式：

C:\＞imp SYSTEM/*password*@ ecdb FROMUSER = scott FILE = scott. dmp

TABLES = (% d% , b% s)

导入工具输出信息详见第 11 章电子资源。

练习题

　　1. 数据库导出和导入的方式和模式有哪些？

　　2. 数据导出的主要参数有哪些？数据库导入的主要参数有哪些？

上机实习

　　1. 根据导出的各种方式和模式操作数据库的导出。

　　2. 根据导入的各种方式和模式操作数据库的导入。

12

◀ C2C电子商城数据库系统案例 ▶

【本章要点】

- C2C 电子商务的发展现状
- 电子商务系统设计
- 电子商务系统的总体设计和详细设计
- C2C 电子商务网站交易流程分析与设计
- 常见的疑难问题分析

【学习要点】

- 掌握 JavaEE 连接数据库方法
- 掌握 C2C 电子商城系统操作数据库的基本方法

12.1 C2C 电子商务实现的基础

C2C 是消费者对消费者的交易模式,其特点类似于现实商务世界中的跳蚤市场。其构成要素,除了包括买卖双方外,还包括电子交易平台供应商,也即类似于现实中的跳蚤市场场地提供者和管理员。在 C2C 模式中,电子交易平台供应商扮演着举足轻重的作用。

首先,网络的范围如此广阔,如果没有一个知名的、受买卖双方信任的供应商提供平台,将买卖双方聚集在一起,那么双方单靠在网络上漫无目的的搜索是很难发现彼此的,并且也会失去很多的机会。

其次,电子交易平台提供商往往还扮演监督和管理的职责,负责对买卖双方的诚信进行监督和管理,负责对交易行为进行监控,最大限度地避免欺诈等行为的发生,保障买卖双方的权益。

再次,电子交易平台提供商还能够为买卖双方提供技术支持服务。包括帮助卖方建立个人店铺,发布产品信息,制定定价策略等;帮助买方比较和选择产品以及电子支付等。正是由于有了这样的技术支持,C2C 的模式才能够短时间内迅速为广大普通用户所接受。

最后,随着 C2C 模式的不断成熟发展,电子交易平台供应商还能够为买卖双方提供保险、借贷等金融类服务,更好地为买卖双方服务。因此,可以说,在 C2C 模式中,电子交易平台提供商是至关重要的一个角色,它直接影响这个商务模式存在的前提和基础。

调查发现,目前 C2C 网站中大部分都是拍卖网站。当然,拍卖作为 C2C 的主导交易模式,其优点是存在的,但它的缺陷也是明显的,比如交易时间长,买卖双方要耗费大量的时间和精力。这种模式适合于价值较高的商品,而个人闲置商品往往是耐用消费品,价值较低,拥有者希望尽快出手,而并不想耗费太多精力计较一点价格差异。

本章将从一个通用的 C2C 电子商城具备的功能入手来描述数据库系统开发案例,分为系统分析、总体设计功能分析、交易流程分析以及数据库常用操作等部分。

12.2　系统分析

12.2.1　需求分析

从理论上来说,C2C 模式是最能够体现互联网的精神和优势的,数量巨大、地域不同、时间不一的买方和同样规模的卖方通过一个平台找到合适的对家进行交易,在传统领域要实现这样大工程几乎是不可想象。同传统的二手市场相比,它不再受到时间和空间限制,节约了大量的市场沟通成本,其价值是显而易见的。

从实际操作来说,C2C 具有两方面可操作性:

首先,C2C 能够为用户带来真正的实惠。C2C 电子商务不同于传统的消费交易方式。过去,卖方往往具有决定商品价格的绝对权力,而消费者的议价空间非常有限;拍卖网站的出现,则使得消费者也有决定产品价格的权力,并且可以通过消费者相互之间的竞价结果,让价格更有弹性。因此,通过这种网上竞拍,消费者在掌握了议价的主动权后,其获得的实惠自然不用说。

其次,C2C 能够吸引用户。打折永远是吸引消费者的制胜良方。由于拍卖网站上经常有商品打折,对于注重实惠的中国消费者来说,这种网站无疑能引起消费者的关注。对于有明确目标的消费者(用户),他们会受利益的驱动而频繁光顾 C2C;而那些没有明确目标的消费者(用户),他们会为了享受购物过程中的乐趣而流连于 C2C。如今 C2C 网站上已经存在不少这样的用户。他们并没有什么明确的消费目标,他们花大量时间在 C2C 网站上游荡只是为了看看有什么新奇的商品,有什么商品特别便宜,对于他们而言,这是一种很特别的休闲方式。因此,从吸引"注意力"的能力来说,C2C 的确是一种能吸引"眼球"的商务模式。

根据上述特征,一个 C2C 电子商务系统应该具有以下基本的功能:

(1)美观友好的操作界面,能保证系统的易用性;

(2)规范、完整的基础信息设置;

(3)商品分类详尽,可按不同类别查看商品的信息;

(4)按商品大类及商品名称进行模糊查询;

(5)能实现网上购物和网上交易;

(6)特价商品展示;

(7)商品和商家销售排行;

(8)卖家与买家信用排行等。

12.2.2 开发和运行环境

网上购物系统采用了 Browser/Server(浏览器/服务器)体系结构,简称 B/S 结构。该结构是随着 Internet 技术的兴起,对 C/S 结构的一种变化或者改进的结构。在这种结构下,用户界面完全通过 WWW 浏览器实现,一部分事务逻辑在前端实现,但是主要事务逻辑在服务器端实现,形成所谓三层结构。在 B/S 结构中,客户不需要安装特殊的应用程序,减少了升级和维护的难度。在采用 B/S 结构的系统中,界面控件全面采用 ActiveX 接口,这样任何一个控件,既可以用在专用前端上,也可以用在浏览器界面上,为原始开发和二次开发带来了方便。所有的业务数据都保存在 Server 端,确保了数据的安全。在通讯方面,由于使用标准的 HTTP 协议,使得系统可以轻松地实现移动办公和分布式。另外为了系统功能的可扩展性,应该采用将数据库、功能层及表示层分离的多层结构。独立的数据库各层便于支持多种数据库系统,将实现企业逻辑的功能层独立,使业务逻辑的更新和扩展更为方便,而当有新的客户端需求时只要对表示层进行扩充就可以实现。同时,由于 B/S 系统普遍采用多层开发体系,所以可以采用负载均衡与集群等技术实现系统的高可用性和性能的平滑扩展。

系统的 Web 三层体系结构组成如下图 12 – 1 所示。

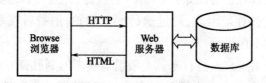

图 12 – 1　Web 的三层体系结构

与传统的 C/S 模式相比,B/S 结构把处理功能全部迁移到了服务器端,用户的请求通过浏览器发出,无论是使用和数据库维护上都比传统模式更加经济方便。而且使维护任务层次化,管理员负责服务器硬件日常管理和维护,系统维护人员负责后台数据库数据更新维护。

一个典型的系统环境配置清单如下:

(1)应用服务器硬件配置:

- CPU:Xeon MP 2.0 以上配置

- 内存:2 GB 以上

- 硬盘:200G 以上

- 操作系统:Windows 2003 Server 或以上/Redhat Linux Enterprise Server 4.0 或以上

（2）中间件服务器及数据库管理系统：

- Weblogic 10.3/Websphere Application Server 7.0
- 数据库服务器：Oracle 9i
（3）开发工具和语言：
- JavaEE5.0/Eclipse 等

12.3 系统总体设计

12.3.1 项目规划

C2C 电子商务系统是一个典型的 ASP.NET 数据库开发应用程序，由卖方系统、买方系统和管理系统 3 个部分构成。

（1）卖方系统。该部分主要包括卖家用户注册、卖家用户管理、店铺管理、订单管理、买方信用评价等；

（2）买方系统。该部分主要包括买方用户注册、买方用户管理、发布求购信息、商品查询、订单管理和卖方信用评价等；

（3）管理系统。该部分主要包括管理员登录、商品管理、会员（卖家和买家）管理，订单管理、公告管理等。

12.3.2 系统功能结构图

C2C 电子商务系统卖方系统功能结构如图 12-2 所示。

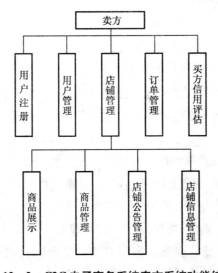

图 12-2 C2C 电子商务系统卖方系统功能结构

C2C 电子商务系统买方系统功能结构如图 12 −3 所示。

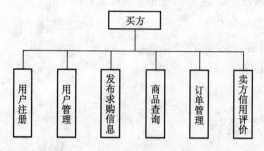

图 12 −3　C2C 电子商务系统买方系统功能结构

C2C 电子商务系统管理系统功能结构如图 12 −4 所示。

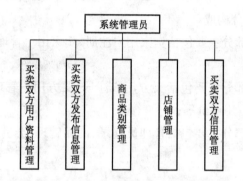

图12 −4　C2C 电子商务系统管理系统功能结构

12.3.3　系统功能分析

12.3.3.1　会员管理

会员管理模块的功能主要包括如下 5 个方面：

(1)用户注册用户在注册过程中必须完整填写必要的和合法的信息后才能通过验证,完成用户注册。如,有对用户名的验证、注册用户设置密码是否一致、E − mail 合法性验证等。

(2)用户登录任何浏览者都可通过系统平台浏览商品信息。若需进行商品交易则必须成功登录系统。用户登录系统 20 分钟后若未对系统进行任何操作则自动注销等。

(3)密码管理在用户的使用过程中,如果用户丢失了密码,则无法进行购物等操作,所以本系统设计了取回密码这一功能。用户在注册时要求输入 Question(会员的忘记密码时的提问)和 Answer(会员的提取密码时对提问的回答),可以据此来确认用户身份。如果确实是用户忘记密码,只要能根据问题回答正确,则系统会重新告知密码。

(4)个人资料管理用户可在此查看自己的个人基本资料,也可以修改个人基本资料。

(5)个人店铺管理注册用户可以在此系统平台下免费注册成为卖家,开设网上个人店铺。卖家可以发布所要出售的商品信息,可配以文字描述和图片,商品信息在本网站内按类别显示。卖家可以对个人店铺进行管理,其功能包括店铺基本信息管理,修改店铺基本信息;添加、修改店铺公告;管理已发布的商品信息,添加、修改、删除商品信息;设置商品属性(上架、下架、推荐)。

12.3.3.2 商品搜索

对于买家,可以在分类区查找商品信息;也可以用站内搜索器按商品名称、类别、卖家、价格等关键字搜索;还可以去个人店铺中寻找。一旦找到与自己需求匹配的商品,可以通过查看卖家的评价信息借以判断卖家的信用。用户可以查询卖方的相关信息和信用评价等指标,决定是否购买。

12.3.3.3 商品交易

用户通过分类搜索,查询到满意的商品。同时可以查看到卖方的上架时间、上架商品次数以及是否有在本站交易违约行为的记录等历史信息,如果是店铺卖方,买家还可以查询店铺的相关历史信息。决定购买后用户可通过站内或其他联系方式联系。双方成交后,在网下自行交易,完成交易过程。交易完成后买卖双方可对对方进行信誉评价。

12.3.3.4 订单管理

商品交易进行过程中,买方可以通过订单管理查看订单所处状态,卖方则可对订单进行取消、发货等操作来明确整个交易过程。

12.3.3.5 系统后台管理

后台管理功能主要包括如下 5 个方面:

(1)买卖双方用户资料管理后台管理员有权对买卖用户基本资料进行管理。发现注册用户信息虚假或用户在交易过程中有欺诈行为可对该用户进行禁锢,甚至删除等操作。

(2)买卖双方发布信息管理后台管理员可对买卖双方发布出来的不合法的信息进行删除、修改等操作。

(3)商品类别管理后台管理员可对系统中的商品类别进行添加、修改、删除等操作。用户只能发布管理员已添加的类别的商品。

(4)店铺管理对于卖家开设的店铺,后台管理员可以对其真实性进行管理。

(5)买卖双方信用管理后台管理员需对买卖双方信用进行管理,保证交易双方的利益。

12.3.4 表的设计

12.3.4.1 用户表(USERS)

用户表(Users)主要用来存储所有注册的用户的信息,该表的结构详见表 12 - 1。

表 12 - 1 用户表(USERS)的结构

字段	描述	数据类型	数据长度
USERID	用户账号	VARCHAR2(32)	32
PASSWORD	密码	VARCHAR2(32)	32
NAME	用户姓名	VARCHAR2(32)	32
QUESTION	提示问题	VARCHAR2(128)	128
ANSWER	问题答案	VARCHAR2(128)	128
EMAIL	EMAIL	VARCHAR2(64)	64
GENDER	性别	CHAR(1)	1
REGISTRY_DATE	注册日期	DATE	
LOGIN_IP	登录 IP	VARCHAR2(32)	32
LOGIN_TIMES	登录次数	NUMBER(10)	10
USER_LEVEL	用户级别	CHAR(1)	1
USER_RIGHTS	用户权限	CHAR(1)	1
HOMEPAGE	用户主页	VARCHAR2(64)	64
CARDID	信用卡号	VARCHAR2(32)	32
ADDRESS	家庭地址	VARCHAR2(128)	128
PHONE	联系电话	VARCHAR2(32)	32
POSTALCODE	邮政编码	VARCHAR2(16)	16
USER_TYPE	用户类别	CHAR(1)	1
STORE_STATUS	开店状态	CHAR(1)	1
VMONEY	虚拟货币	FLOAT	

12.3.4.2 商品表(PRODUCTS)

商品表(PRODUCTS)用来保存商品的明细信息,该表的结构详见表 12 - 2。

表 12 - 2 商品表(PRODUCTS)的结构

字段名	字段描述	数据类型	数据长度
PRODUCTID	商品编号	NUMBER(10)	10
CATEGORYID	商品类型	NUMBER(10)	10
PRODUCTNAME	商品名称	VARCHAR2(32)	32
PRICE	单价	FLOAT	
QUANTITY	库存量	FLOAT	
ADDRESS	所在地	VARCHAR2(64)	64
FEE	运送费用	FLOAT	

字段名	字段描述	数据类型	数据长度
PICTURE	商品图片	VARCHAR2(32)	32
SALE_BEGIN	上架时间	DATE	
SALE_END	结束时间	DATE	
DESCRIPTION	商品描述	VARCHAR2(512)	512
STATUS	商品状态	CHAR(1)	1
REPAIR	有无保修	CHAR(1)	1
PAYMENT	付款方式	CHAR(1)	1

12.3.4.3　商品类别表(PTYPE)

商品类别表(PTYPE)主要用来存储商品类别的信息,该表的结构详见表12-3。

表 12-3　商品类别表(PTYPE)的结构

字段名	字段描述	数据类型	数据长度
CATEGORYID	类型编号	NUMBER(10)	10
PCATEGORYID	父类型	NUMBER(10)	10
CATEGORYNAME	类型名称	VARCHAR2(32)	32
DESCRIPTION	描述	VARCHAR2(512)	512

12.3.4.4　订单表(ORDERS)

订单表(ORDERS)主要用来存储订单的详细信息,该表的结构详见表12-4。

表 12-4　订单表(ORDERS)的结构

字段名	字段描述	数据类型	数据长度
ORDERID	订单编号	NUMBER(10)	10
CONFIRM_DATE	落订时间	DATE	
STOREID	销售店铺	NUMBER(10)	10
USERID	购买客户	VARCHAR2(32)	32
SHIPPINGTYPE	送货类型	CHAR(1)	1
SHIPPINGFEE	送货价格	FLOAT	
SUM_PRICE	商品总价	FLOAT	
BILLING_PRICE	应付总金额	FLOAT	
CONSIGNEE	收货人姓名	VARCHAR(32)	32
PHONE	固定电话	VARCHAR(32)	32
MOBIL	移动电话	VARCHAR(32)	32
STATUS	订单状态	CHAR(1)	1

12.3.4.5 订单明细表(ORDER_DETAIL)

订单明细表(ORDER_DETAIL)主要用来存储每件订单所购买商品的详细信息,该表的结构详见表12-5。

表12-5 订单明细表(ORDER_DETAIL)的结构

字段名	字段描述	数据类型	数据长度
ORDERID	订单编号	NUMBER(10)	10
PRODUCTID	商品编号	NUMBER(10)	10
QUANTITY	商品数量	FLOAT	
TOTAL_PRICE	商品总价	FLOAT	
DISCOUNT	商品折扣	FLOAT	

12.3.4.6 店铺表(STORE)

店铺表(STORE)主要用来存储店铺的信息,该表的结构详见表12-6。

表12-6 店铺表(STORE)的结构

字段名	字段描述	数据类型	数据长度
STOREID	店铺编号	NUMBER(10)	10
TYPEID	店铺类型	NUMBER(10)	10
SNAME	店铺名称	VARCHAR2(64)	64
SLOGO	店铺标志	VARCHAR2(64)	64
OPENDATE	开店时间	DATE	
DESCRIPTION	店铺介绍	VARCHAR2(1024)	1024
ADDRESS	店铺地址	VARCHAR2(64)	64
BULLETIN	店铺公告	VARCHAR2(1024)	1024
RULES	店铺条款	VARCHAR2(1024)	1024

12.3.4.7 店铺表分类表(STYPE)

店铺表分类表(STYPE)主要用来存储店铺的类别信息,该表的结构详见表12-7。

表12-7 店铺表分类表(STYPE)的结构

字段名	字段描述	数据类型	数据长度
TYPEID	类型编号	NUMBER(10)	10
TYPENAME	分类名	VARCHAR2(32)	32
DESCRIPTION	描述	VARCHAR2(1024)	1024

12.4 C2C电子商务网站交易流程分析与设计

12.4.1 C2C电子商务系统交易流程

C2C电子商务网站交易系统总体设计如下图12-5所示。

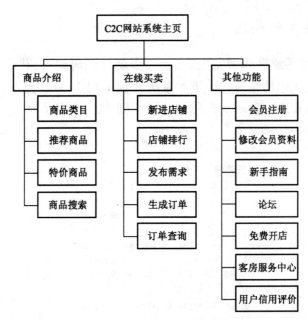

图 12 – 5　C2C 电子商务网站交易系统总体设计

C2C 电子商务网站交易流程如图 12 – 6 所示。

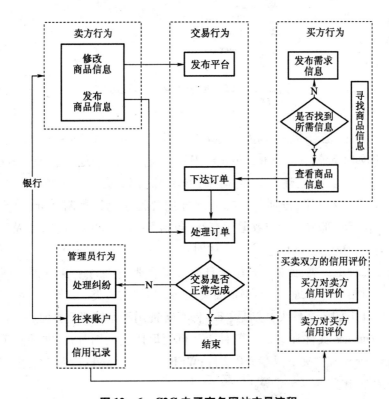

图 12 – 6　C2C 电子商务网站交易流程

12.4.2　公共类的编写

在需求分析和系统设计做完之后,下一步就是代码编写,代码编写主要包含公共类、系统功能类代码的编写。由于本系统案例采用 JavaEE 开发,因此开发环境使用的是 MyEclipse 6.5 + Tomcat 6 + Oracle9i。图 12 - 7 是 C2C 电子商城系统代码结构。

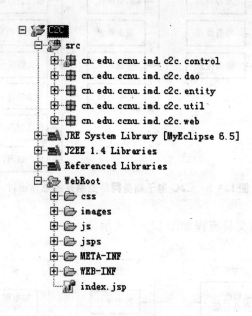

图 12 - 7　C2C 电子商城的代码结构

由于本书的重点是论述电子商务数据库的应用,因此系统案例代码并没有采用复杂的 JavaEE 框架,比如时下流行的 Struts + Spring + Hibernate,而是简单地采用 JSP + Servlet + JDBC 等 JavaEE 核心技术。在上述代码结构中,Java 源代码分成 5 个部分,统一规划在 cn. edu. ccnu. imd. c2c 包下,分别为 control 部分包含程序流程控制部分,一般是由一个 Servlet 对象承担;dao 部分负责与数据库交互,包括数据库公共连接类,以及各实体对象的数据访问对象(DAO);entity 包含了实体对象,比如 User、Order、Store 等实体组件;util 包含了系统的各种工具类,比如字符串和日期格式处理、中文字符集处理等;web 部分包含了与 JSP 页面相关的辅助类。本书主要关注 dao 包里的各类。

在 WebRoot 下的各文件夹分别是:css 保存各种用于系统 JSP 界面布局的层叠样式表文件(CSS);images 文件夹下保存各种 JSP 页面里用到的图片;js 文件夹下保存各种 JavaScript 文件;jsps 文件夹下保存 JSP 文件;WEB - INF 由 MyEclipse 自动生成的 JavaEE 应用的配置文件,比如 web. xml 等。

12.4.2.1 数据库公共类

定义的数据库公共类除了能够连接上特定数据库外,还可以关闭数据库连接,具体代码编写和设计详见第 12 章电子资源。

12.4.2.2 实体类编写

电子商务网站中可以在不同的页面进行购物,所以要编写一个购物类进行处理用户的购物,这样可以节省不必重复编写代码的时间,有利于维护和功能上的扩充。比如添加新类名为 User. java、Order. java、OrderDetail. java、Product. java。当用户在购物页面中单击了"购物"按钮后,将物品的 ID 值传入类中进行处理,根据用户单击的次数和物品的 ID 或根据用户填写的数量来确定购买的数量和物品,进而构成一个完整的订单信息。系统将这些信息使用就可以处理订单流程了。在生成这些实体类时,类的属性与相应数据库表的列相对应,包括名字和数据类型。在第 12 章电子资源中详细例举了 Order. java 类代码,本质上是一个 JavaBean,并且与数据库里的 Orders 表构成对象—关系映射。

我们可以按照其中例子生成其他实体对象代码。

12.4.3 系统主要界面设计

12.4.3.1 电子商务系统首页设计

对于电子商务系统来说,首页极为重要,首页设计的好坏将直接影响到顾客的购买情绪。在电子商务系统的首页中,用户不但可以在第一时间内掌握店家推出的特价商品、新商品、最新公告等,还可以查看销售排行、对商品进行分类查询等。电子商务系统首页的运行结构如下图 12 -8 所示。

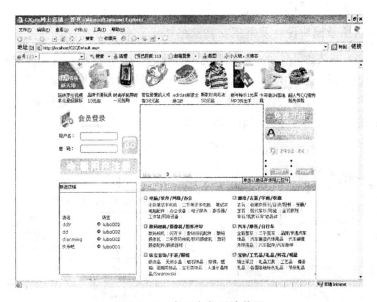

图 12 -8 电子商务系统首页

12.4.3.2　会员注册模块设计

电子商务系统中的会员注册模块的主要功能是为添加会员注册信息,在该模块中重要应用了数据库语句调用、事务处理和验证技术。

会员注册的入口位于网站首页的左侧。用户可以单击"新用户注册"按钮即可进入会员注册页面,该页面的设计效果如下图 12 – 9 所示。

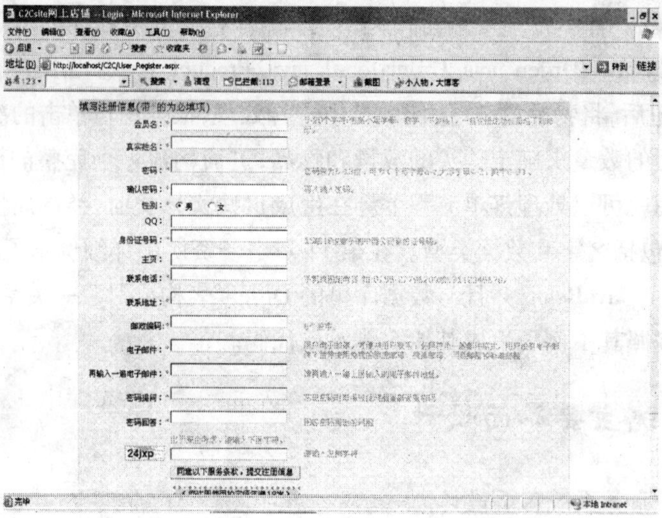

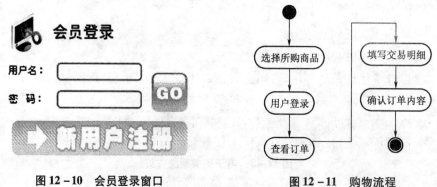

图 12 – 9　会员注册页面运行效果

在会员注册模块中使用了 Label、TextBox 和 RadioButton 标准控件以及验证控件,控件的属性设置可以通过前台代码实现,也可以在"控件属性"对话框中设置实现,使用的控件属性设置请见如下代码:

12.4.3.3　会员登录模块设计及网上交易流程

会员登录用于网站会员登录本网站进行商品交易。会员登录入口位于网站首页的左侧和顶部的登录窗口,设计如图 12 – 10 所示。C2C 电子商务网站交易流程如图 12 – 11。根据上述流程图,用户一般无需登录就可以进行商品的选购。如果要查看订单,则必须登录,登录之后即可确认订单信息之后,完成交易流程。

图 12 – 10　会员登录窗口　　　**图 12 – 11　购物流程**

12.5 数据库常用操作

12.5.1 数据库访问类

根据第 12.4 节的需求,对数据库操作主要包括查找、插入、更新或删除。以上述购物流程为例,数据库操作代码主要包括如下 UserDao、OrderDao 和 Order Detail Dao,这三个类位于 cn. edu. ccnu. imd. c2c. dao 包中,分别完成 User、Order 以及 OrderDetail 实体类与数据库交互的过程。此三个类由位于 cn. edu. ccnu. imd. c2c. control 中的 servlet 来调用,以完成相应的业务逻辑。

12.5.1.1 UserDao 的功能

UserDao 的主要功能如下:

(1)在用户注册时可以保存用户注册信息,这将使用到数据库的 INSERT 语句;

(2)在用户登录时,UserDao 负责根据用户输入的账号从数据库中查询相应的用户信息,然后与用户输入的登录信息进行比对,从而对用户登录进行验证。这将使用 SELECT 语句;

(3)用户需要修改住址、联系电话等个人信息时,UserDao 调用相应的方法根据用户输入的新信息来修改用户个人信息。这将使用到 UPDATE 方法;

(4)用户需要注销个人账户时,UserDao 可以从数据库中删除用户的个人信息,这将使用到 DALETE 语句。

12.5.1.2 OrderDao 类

OrderDao 类的主要功能如下:

(1)用户选购商品完毕之后,OrderDao 为用户生成新订单信息,订单编号自动生成,还需要取出用户登录账号,填写到订单中;

(2)用户取消订单,OrderDao 可以删除订单信息;

(3)用户需要调整订单上的相关信息,OrderDao 也可以修改;

(4)根据用户购买商品总额,自动生成适当的优惠折扣。

12.5.1.3 OrderDetail 类

OrderDetailDao 类的主要功能如下:

(1)根据已生成订单的订单号,增加该订单的商品明细信息,包括商品名称、价格、数量等;

(2)客户在调整订购商品品种或数量时,OrderDetailDao 修改相关信息;

(3)客户从订单中减去所购商品时,OrderDetailDao 删除相关信息。

12.5.2　数据库操作代码

以订单生成业务为例说明数据库常用操作方法。

12.5.2.1　增加订单

addOrder 方法用来增加订单,有两个参数:订单实体对象和用户 ID。订单对象是在生成订单流程中从前台页面接收用户选择的商品信息、收货人信息、商品信息等。用户 ID 则是从会话中中获取;一般情况下,用户登录之后,其个人账号 ID 会保存在 session 会话中。然后调用 DatabaseConnection 对象 dbc 的 getConnection 方法返回数据库连接对象,生成执行 INSERT 语句将数据插入数据库。详细代码参见第 12 章电子资源。

12.5.2.2　增加订单明细信息

此功能通过 OrderDetailDao 类为相应的订单增加用户所够买商品的详细信息,一个订单可以订购多件商品。因此增加订单明细信息的方法 addOrderDetail 有两个参数,一个是订单明细所在订单 ID,另一个是保存用户所购买商品的对象数组。由于本代码需要使用 Product 对象,因此实现需要编写 Product 实体类代码,编写方法与 Order 实体类相似。详细代码参见代码参见第 12 章电子资源。

练习题

设计一个 C2C 的电子商务系统,该系统应该实现的功能如下:

- 设立商品销售排行
- 实现网上购物
- 查看商城内的公告信息
- 系统运行稳定,安全可靠

上机实习

1. 为 OrderDao 类增加一个方法,用于修改订单的收货人地址,方法名为 modifyConsignee。

2. 为 OrderDetailDao 增加一个方法,修改某个订单某件商品的购买数量,方法名为 modifyProductsQuantity。

图书在版编目(CIP)数据

电子商务数据库基础与应用/李进华主编. —北京:首都经济贸易大学出版社,2010.2
ISBN 978 - 7 - 5638 - 1697 - 2

Ⅰ.电…　Ⅱ.李…　Ⅲ.电子商务—关系数据库—数据库管理系统,Oracle　Ⅳ.F713.36
TP311.138

中国版本图书馆 CIP 数据核字(2009)第 130946 号

电子商务数据库基础与应用

李进华　主编

出版发行	首都经济贸易大学出版社	
地　　址	北京市朝阳区红庙 (邮编 100026)	
电　　话	(010)65976483　65065761　65071505(传真)	
网　　址	http://www.sjmcb.com	
E – mail	publish@ cueb. edu. cn	
经　　销	全国新华书店	
照　　排	首都经济贸易大学出版社激光照排服务部	
印　　刷	北京通州永乐印刷厂	
开　　本	787 毫米 × 1092 毫米　1/16	
字　　数	286 千字	
印　　张	16.25	
版　　次	2010 年 2 月第 1 版第 1 次印刷	
印　　数	1 ~ 3 000	
书　　号	ISBN 978 - 7 - 5638 - 1697 - 2/TP · 36	
定　　价	25.00 元	